JN014062

中学受験専門塾
ジーニアス
松本亘正
Hiromasa Matsumoto
教誓健司
Kenji Kyosei

実務教育出版

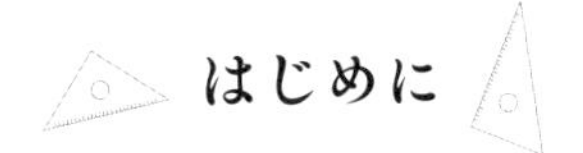

はじめに

「図形のセンスがないから苦手」「努力しても解けないものは解けない」、もし、そう思っているとしたら大間違いです。

私自身、中学受験を経験し、鹿児島県に展開する大手塾の模試で2位、四谷大塚の全国模試で20位以内（算数）に入ったことがありますが、はっきり言って図形のセンスはありませんでした。立体の感覚にも乏しく、図形の問題でパッとひらめくことはなかなかなかったです。でも、多くの難しい問題を解くことができ、高得点を取れたのは、類型化していたからです。

類型化とは、性質が共通するものをまとめることです。「あっ、この問題は前にやったものと同じだな」とか、「前に解いたことがある方法と同じ解き方をすればいいな」と考えていくのです。単に問題や解法を暗記しても限界があります。

そこで、「見たことがない図形に出会ったらどう考えるか」「この数字が出てくるということはどんな可能性を考えるか」というアプローチ、手順を頭に入れておきます。それに沿って考えていくことで、「あっ、わかった！」と気づいて解くことができたのです。道筋が見えた時の嬉しさといったらありません。中学受験の算数はそういうおもしろさに満ちあふれています。

そんな算数の楽しさを、指導する子どもたちにも自分で感じてほしいと思っています。だから授業に「伏線」を入れています。優れた推理小説には伏線があり、伏線が回収されていく中でおもしろさを感じるように、算数の授業にも伏線を入れることで、「あっ！　これを使うのか」「あの問題と同じアプローチだったのか」と気づいてもらいたいと思っています。

　このような経験を積むことが、思考力の養成、いわゆるセンスを磨くことにつながっていきます。難問は、才能がある人しか解けないとあきらめる必要はありません。「気づき」の経験を増やしていくことで、才能は伸ばしていくことができるのです。

　本書では、算数の図形分野に絞って、授業で実践しているような思考法、アプローチを伝えていきます。読み進めていく中で、難問に立ち向かうための「武器」を手に入れることができます。

　算数が大得意でひたすら問題を解きたいのなら、本書の例題や入試問題だけ挑戦してもいいでしょう。
　でも、算数が得意ではなく、なんとか壁を越えたいと思って本書を読むのであれば、出てきた問題だけにチャレンジして、解けた・解けないで終わることはやめましょう。流れに沿って読み進めてください。

　最終的には灘中や開成中など超難関中学の入試問題に立ち向かえる「武器」を身につけられるような構成になっていますので、難しい問題もたくさん出てきます。まったく解けなくても構いません。鉛筆を使って少しでも解こうと考えた上で解説を読むことで、「どうやって考えればいいのか」という思考法、アプローチ法を体得してみてください。

　本書は、YouTubeチャンネル「0時間目のジーニアス」で、算数の入試問題解説動画を配信している教誓（きょうせい）先生と一緒に企画を練り上げ、導入部は私が、本編は教誓（きょうせい）先生が執筆しました。本書と、動画解説授業を通じて、「戦うための武器」をそろえましょう。

中学受験専門塾ジーニアス　松本亘正

本書の5つの特徴と使い方

本書は、中学受験専門塾ジーニアスの授業を再現し、合格するための「算数の図形」の力をつけてもらう本です。定番の問題はもちろん、見たことがない図形が出てきた時の考え方まで、まなぶ君と先生のやりとりを通して楽しく学べます、高校受験、大学受験を目指す中高生や、大人の学び直しにも大いに役立ちます。

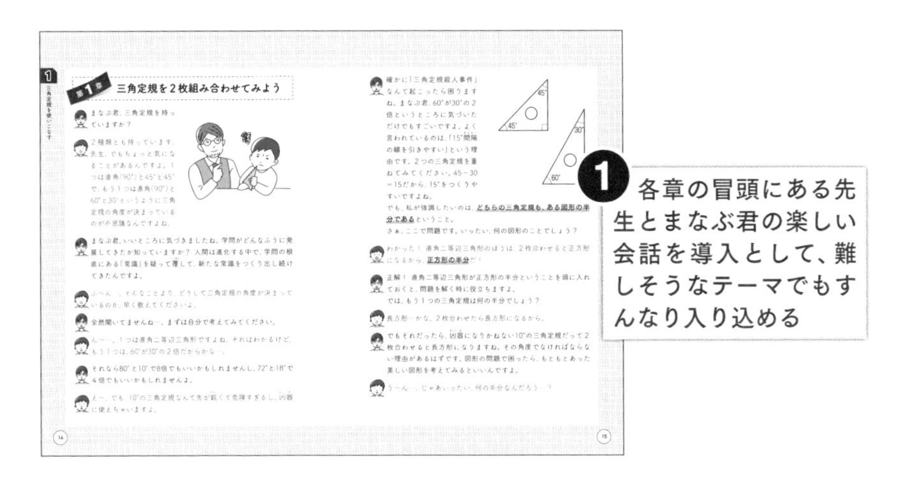

1
三角定規を使いこなす

第1章 三角定規を2枚組み合わせてみよう

まなぶ君、三角定規を持っていますか？

2種類とも持っています。先生、でもちょっと気になることがあるんですよ。1つは直角（90°）と45°と45°で、もう1つは直角（90°）と60°と30°というように三角定規の角度が決まっているのが不思議なんですよね。

まなぶ君、いいところに気づきましたね。学問がどんなふうに発展してきたか知っていますか？ 人間は進化する中で、学問の根底にある「常識」を疑って覆して、新たな常識をつくり出し続けてきたんですよ。

ふ〜ん…。そんなことより、どうして三角定規の角度が決まっているのか、早く教えてくださいよ。

全然聞いてませんね…。まずは自分で考えてみてください。

ん〜…。1つは直角二等辺三角形ですよね。それはわかるけど、もう1つは、60°が30°の2倍だからかな…。

それなら80°と10°で8倍でもいいかもしれませんし、72°と18°で4倍でもいいかもしれませんよ。

え〜、でも、10°の三角定規なんて先が鋭くて危険すぎるし、凶器に使えちゃいますよ。

14

確かに「三角定規殺人事件」なんて起こったら困りますね。まなぶ君、60°が30°の2倍というところに気づいただけでもすごいですよ。よく言われているのは、「15°間隔の線を引きやすい」という理由です。2つの三角定規を重ねてみてください。45－30＝15だから、15°をつくりやすいですよね。

でも、私が強調したいのは、**どちらの三角定規も、ある図形の半分である**ということ。

さぁ、ここで問題です。いったい、何の図形のことでしょう？

わかった！ 直角二等辺三角形のほうは、2枚合わせると正方形になるから、**正方形の半分**だ！

正解！ 直角二等辺三角形が正方形の半分ということを頭に入れておくと、問題を解く時に役立ちますよ。

では、もう1つの三角定規は何の半分でしょう？

長方形…かな。2枚合わせたら長方形になるから。

でもそれだったら、凶器になりかねない10°の三角定規だって2枚合わせると長方形になりますね。その角度でなければならない理由があるはずです。図形の問題で困ったら、もともとあった美しい図形を考えてみるといいんですよ。

う〜ん…。じゃあいったい、何の半分なんだろう…？

15

1 各章の冒頭にある先生とまなぶ君の楽しい会話を導入として、難しそうなテーマでもすんなり入り込める

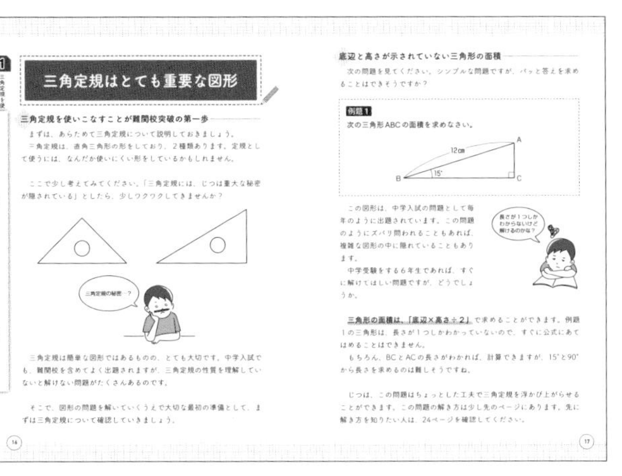

1
三角定規を使

三角定規はとても重要な図形

三角定規を使いこなすことが難関校突破の第一歩

まずは、あらためて三角定規について説明しておきましょう。

三角定規は、直角三角形の形をしており、2種類あります。定規として使うには、なんだか使いにくい形をしているかもしれません。

ここで少し考えてみてください。「三角定規には、じつは重大な秘密が隠されている」としたら、少しワクワクしてきませんか？

三角定規は簡単な図形ではあるものの、とても大切です。中学入試でも、難関校を含めてよく出題されますが、三角定規の性質を理解していないと解けない問題がたくさんあるのです。

そこで、図形の問題を解いていくうえで大切な最初の準備として、まずは三角定規について確認していきましょう。

16

底辺と高さが示されていない三角形の面積

次の問題を見てください。シンプルな問題ですが、パッと答えを求めることはできそうですか？

例題1
次の三角形ABCの面積を求めなさい。

この図形は、中学入試の問題として毎年のように出題されています。この問題のようにズバリ問われることもあれば、複雑な図形の中に隠れていることもあります。

中学受験をする6年生であれば、すぐに解けてほしい問題ですが、どうでしょうか。

三角形の面積は、「底辺×高さ÷2」で求めることができます。例題1の三角形は、長さが1つしかわかっていないので、すぐに公式にあてはめることはできません。

もちろん、BCとACの長さがわかれば、計算できますが、15°と90°から長さを求めるのは難しそうですね。

じつは、この問題はちょっとした工夫で三角定規を浮かび上がらせることができます。この問題の解き方は少し先のページにあります。先に解き方を知りたい人は、24ページを確認してください。

17

2 ジーニアスの授業を、まなぶ君のリアクションに共感しながら、学べる。そして、入試によく出る問題を「例題」として取り上げ、解き方をわかりやすく解説する

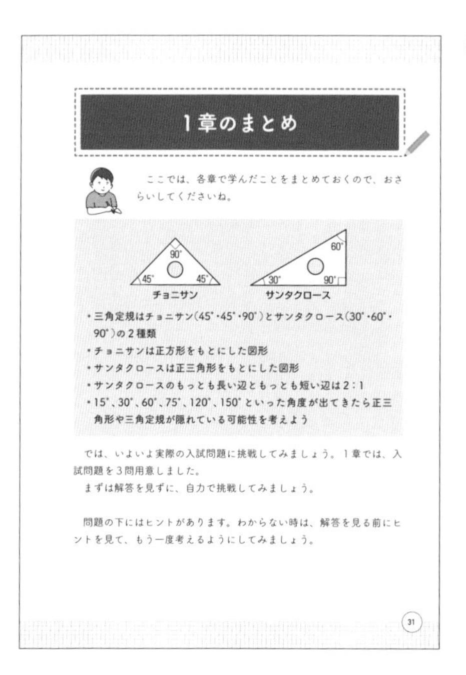

3 各章で押さえておきたいポイントを「まとめ」として復習できる

4 〈入試問題に挑戦〉を解くことで、各章で学んだことをしっかり理解できているかどうかを確認できる

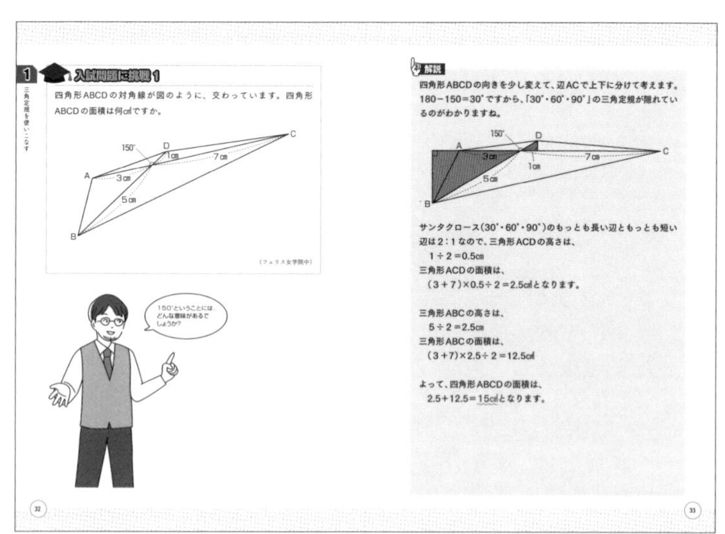

※入試問題の文字表記は原題の通りとしています。また、解説内容は公表されたものではありません

5 本書の中でも、とくに重要な問題は解説動画でわかりやすく説明。超難関校に合格者を毎年輩出してきたジーニアスの授業を映像でも体感できる！

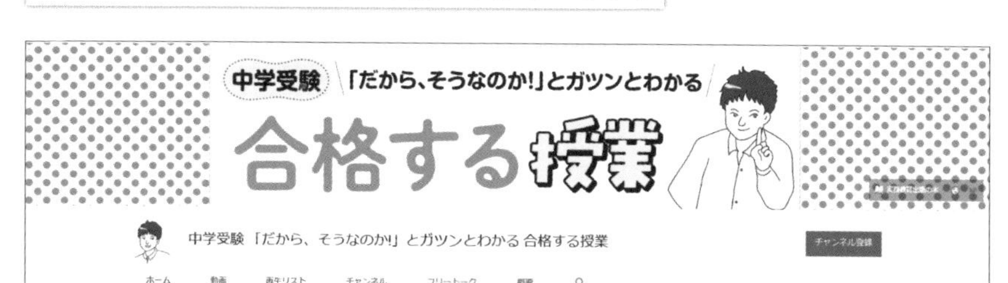

このQRコードがついている問題を動画解説しています。パソコンやスマホで、『中学受験「だから、そうなのか！」とガツンとわかる合格する授業』のサイトにアクセスしてみてください。

中学受験 「だから、そうなのか！」とガツンとわかる

合格する算数の授業 図形編

もくじ

第１章 三角定規を使いこなす

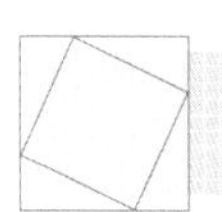

第2章　正方形を基準に考える

第3章　正多角形の特徴をつかむ

第４章 円の命は中心にある

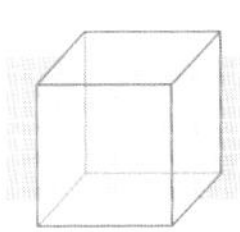

第5章 立方体を基準に考える

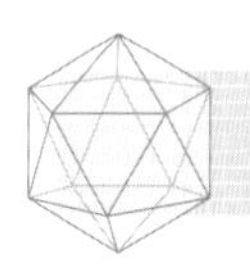

第6章　正多面体の性質をつかむ

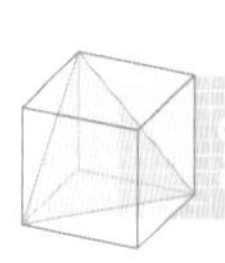

第7章　立体図形の切断と共通部分をつかむ

編集協力：星野友絵(silas consulting)
イラスト：吉村堂(アスラン編集スタジオ)
カバーデザイン：井上新八
本文デザイン・DTP：佐藤純・伊延あづさ(アスラン編集スタジオ)

登場人物の紹介

案内する人

松本先生

学生時代に中学受験専門塾ジーニアスを立ち上げた。社会科の本を多く書いているので社会科の先生と認知されがちだが、算数の入試問題を解くのが趣味。補助線は図形の内側に引くことにこだわりを持っている。図形先行型の算数カリキュラムにするなど中学受験業界の中でも独自路線を突き進んでいる。

教える人

教誓(きょうせい)先生

名は体を表すのか、教えることが大好き。幼い頃から約数が多い数は「よい」数だと感じていたが、あまり共感を得られないらしい。出題者の意図をくんで解くことを心掛けている。名前が難しいので、本書では「先生」と表記している。

教わる人

まなぶ君

算数は好きだけど、勉強は嫌いで、できればラクしたいと思っている小学５年生。６年生になったら中学受験をするので塾に通っている。字が雑だと注意されることが多い。

第 1 章

三角定規を使いこなす

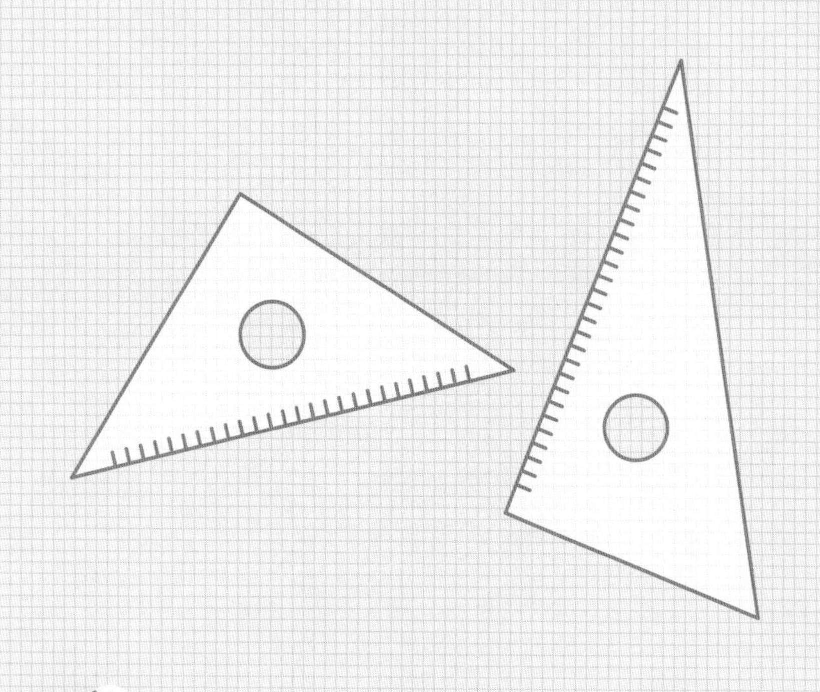

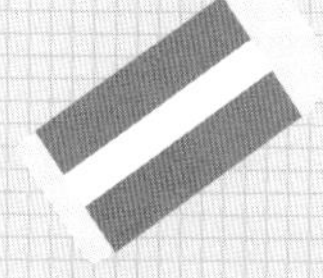

第1章 三角定規を2枚組み合わせてみよう

まなぶ君、三角定規を持っていますか？

2種類とも持っています。先生、でもちょっと気になることがあるんですよ。1つは直角（90°）と45°と45°で、もう1つは直角（90°）と60°と30°というように三角定規の角度が決まっているのが不思議なんですよね。

まなぶ君、いいところに気づきましたね。学問がどんなふうに発展してきたか知っていますか？ 人間は進化する中で、学問の根底にある「常識」を疑って覆（くつがえ）して、新たな常識をつくり出し続けてきたんですよ。

ふ～ん…。そんなことより、どうして三角定規の角度が決まっているのか、早く教えてくださいよ。

全然聞いてませんね…。まずは自分で考えてみてください。

ん～…。1つは直角二等辺三角形ですよね。それはわかるけど、もう1つは、60°が30°の2倍だからかな…。

それなら80°と10°で8倍でもいいかもしれませんし、72°と18°で4倍でもいいかもしれませんよ。

え～。でも、10°の三角定規なんて先が鋭（するど）くて危険すぎるし、凶器（きょうき）に使えちゃいますよ。

確かに「三角定規殺人事件」なんて起こったら困りますね。まなぶ君、60°が30°の2倍というところに気づいただけでもすごいですよ。よく言われているのは、「15°間隔の線を引きやすい」という理由です。2つの三角定規を重ねてみてください。45－30＝15だから、15°をつくりやすいですよね。

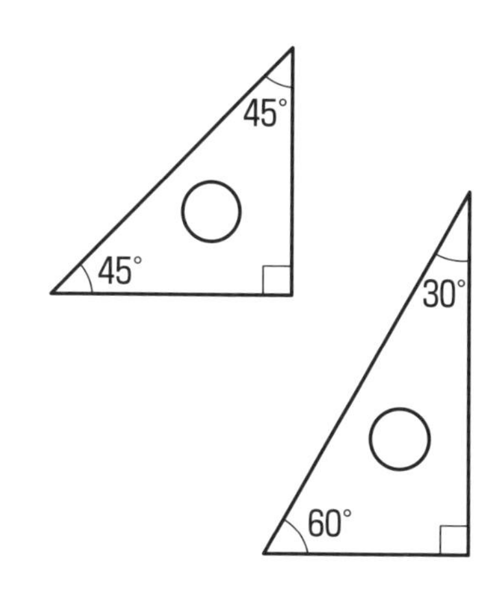

でも、私が強調したいのは、**どちらの三角定規も、ある図形の半分である**ということ。
さぁ、ここで問題です。いったい、何の図形のことでしょう？

わかった！ 直角二等辺三角形のほうは、2枚合わせると正方形になるから、**正方形の半分**だ！

正解！ 直角二等辺三角形が正方形の半分ということを頭に入れておくと、問題を解く時に役立ちますよ。
では、もう1つの三角定規は何の半分でしょう？

長方形…かな。2枚合わせたら長方形になるから。

でもそれだったら、凶器になりかねない10°の三角定規だって2枚合わせると長方形になりますね。その角度でなければならない理由があるはずです。図形の問題で困ったら、もともとあった美しい図形を考えてみるといいんですよ。

う〜ん…。じゃあいったい、何の半分なんだろう…？

三角定規はとても重要な図形

三角定規を使いこなすことが難関校突破の第一歩

まずは、あらためて三角定規について説明しておきましょう。

三角定規は、直角三角形の形をしており、２種類あります。定規として使うには、なんだか使いにくい形をしているかもしれません。

ここで少し考えてみてください。「三角定規には、じつは重大な秘密が隠されている」としたら、少しワクワクしてきませんか？

三角定規は簡単な図形ではあるものの、とても大切です。中学入試でも、難関校を含めてよく出題されますが、三角定規の性質を理解していないと解けない問題がたくさんあるのです。

そこで、図形の問題を解いていくうえで大切な最初の準備として、まずは三角定規について確認していきましょう。

底辺と高さが示されていない三角形の面積

次の問題を見てください。シンプルな問題ですが、パッと答えを求めることはできそうですか？

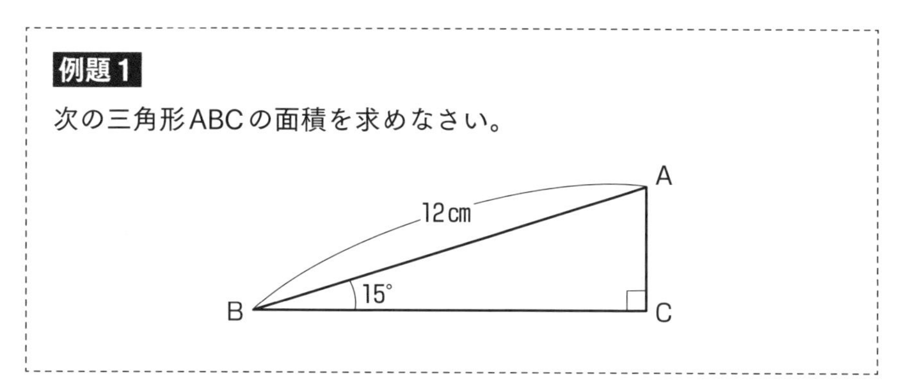

この図形は、中学入試の問題として毎年のように出題されています。この問題のようにズバリ問われることもあれば、複雑な図形の中に隠れていることもあります。

中学受験をする6年生であれば、すぐに解けてほしい問題ですが、どうでしょうか。

三角形の面積は、「底辺×高さ÷2」で求めることができます。例題1の三角形は、長さが1つしかわかっていないので、すぐに公式にあてはめることはできません。

もちろん、BCとACの長さがわかれば、計算できますが、15°と90°から長さを求めるのは難しそうですね。

じつは、この問題はちょっとした工夫で三角定規を浮かび上がらせることができます。この問題の解き方は少し先のページにあります。先に解き方を知りたい人は、24ページを確認してください。

三角定規を使いこなそう

三角定規は正方形と正三角形を半分にした形

例題１の面積の求め方を説明する前に、三角定規の形を確認しておきましょう。

三角定規には、角が「45°・45°・90°」のものと、角が「30°・60°・90°」のものの２種類があります。

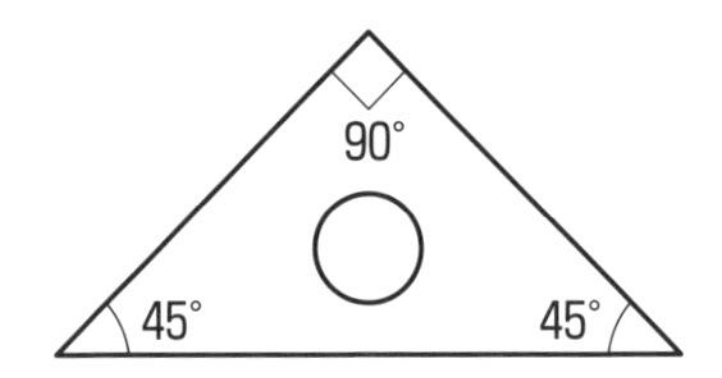

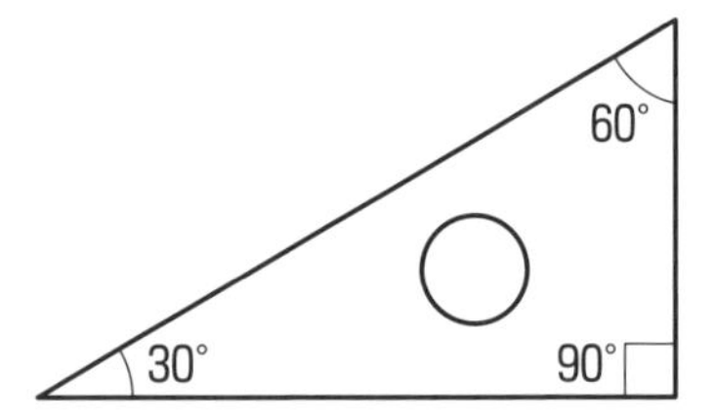

どちらも直角三角形ですが、左の「45°・45°・90°」のほうは二等辺三角形でもあるため、直角二等辺三角形と言います。
「チョッカクニトウヘンサンカクケイ」だと少し長いので、省略して「チョニサン」と呼ぶことにします。

三角定規の角度の理由を考えてみる

ここで、考えてほしいことがあります。三角定規は、どうしてこのような形なのでしょうか？ 直角三角形の定規を用意するだけであれば、「10°・80°・90°」や、「20°・70°・90°」といった角度でもかまわないはずです。
「45°・45°・90°」や、「30°・60°・90°」であることに理由があるとしたら、それはいったい何でしょう？

「チョニサン」2枚で正方形に

これらの三角定規をつくる時に、何か基準になっている特別な図形があるとしたらどうでしょう。

45°を2倍すると90°に、30°を2倍すると60°になります。何かピンときませんか？

直角二等辺三角形は、正方形の半分の形

「チョニサン」を2枚用意してくっつけてみましょう。

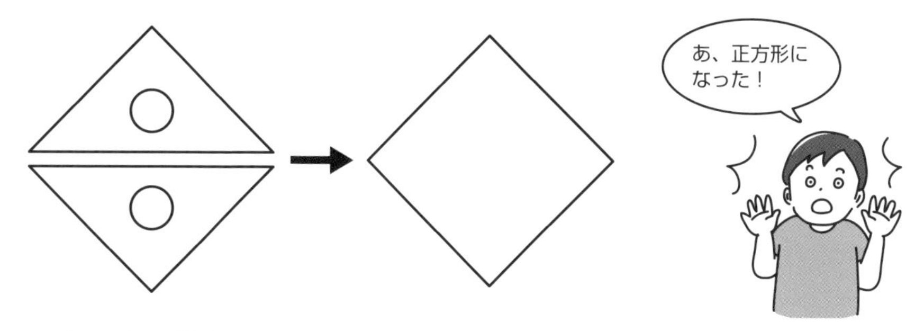

そうです。最初にも言いましたが、このように「45°・45°・90°」の三角定規は、正方形を半分にした形と考えることができるのです。

「30°・60°・90°」2枚で長方形に

次に、「30°・60°・90°」の三角定規を実際に2枚くっつけてみましょう。どんな形になるでしょうか。

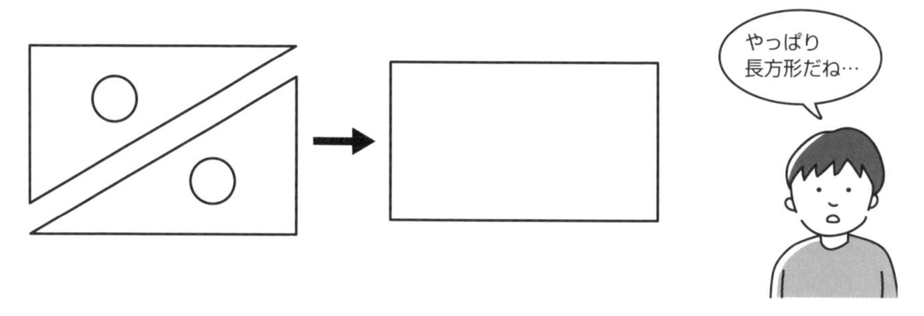

上図のように2枚くっつけると長方形にすることができますね。でも、長方形なら「30°・60°・90°」である必要はありません。

「30°・60°・90°」2枚で正三角形にもなる

ここでは、30°や60°であることに意味があるとしたら何かなと考えていたので、くっつけ方を変えてみます。

30°と30°をくっつけてみるとどうでしょう。

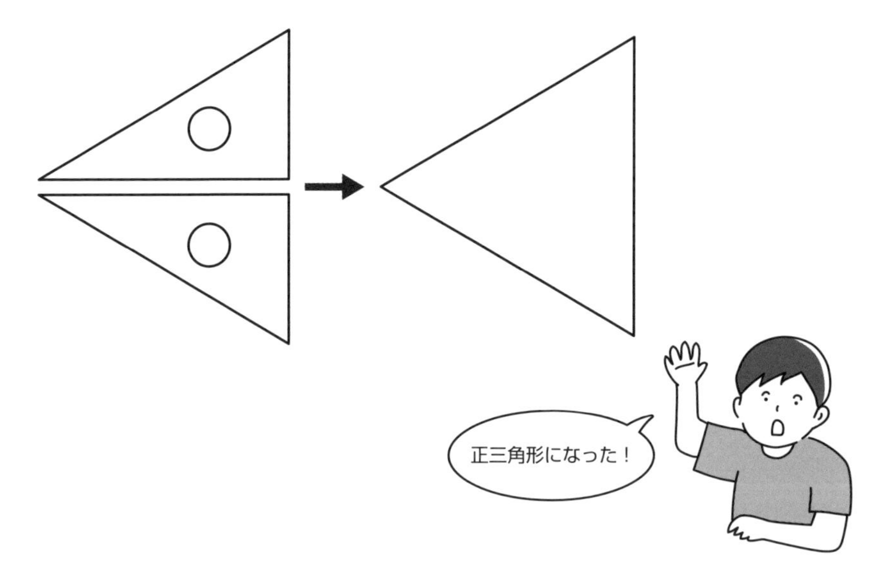

そうです。**「30°・60°・90°」の三角定規を２枚くっつけると、正三角形ができる**ことがわかりましたか？ 30°を２倍した60°というのは、正三角形の角度だったのです！

このように、同じものを２枚くっつけてみると、正方形や正三角形といったとても美しい図形ができるのです。

「30°・60°・90°」の三角定規を２枚くっつけると正三角形ができるということは、問題を解いていくうえで、重要なヒントになります。中でも、「30°・60°・90°」の三角定規について、もっとも長い辺ともっとも短い辺の長さの関係が大切です。

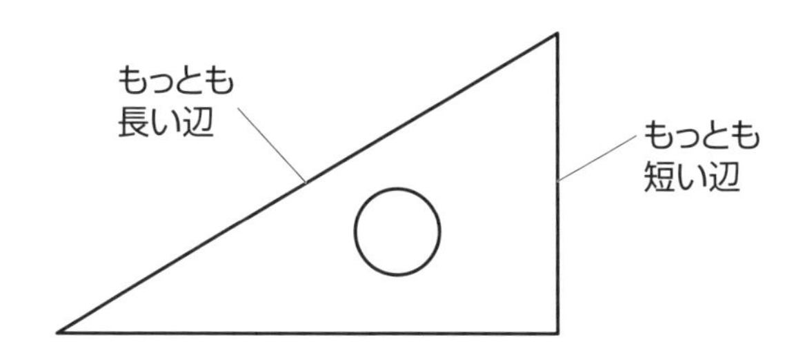

長い辺が正三角形の１辺の長さ、短い辺が正三角形の１辺の長さの半分ということは、「２：１になっている」と言えます。この法則を使うと、長さを与えられていなくても、計算して求めることができるのです。

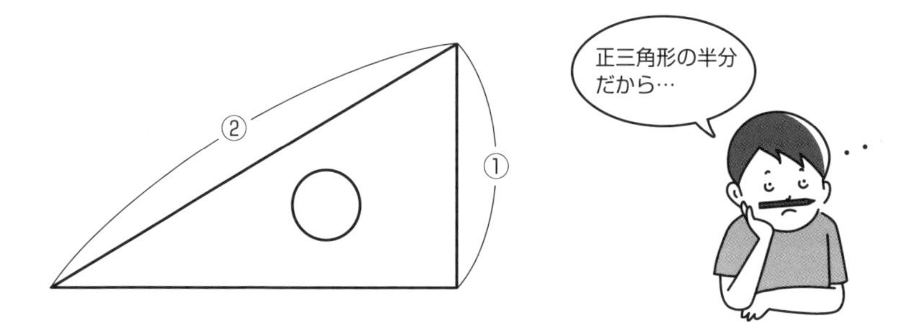

まだ比を習っていない場合は、もっとも長い辺はもっとも短い辺の２倍になっているということがわかれば大丈夫です。

えっ!?　こちらの三角定規は何と呼ぶのか気になりますか？　う〜ん…。30°、90°、60°の順番に数えてサンタクロースなんてどうでしょう。ちょっと無理やりですけどね。

「チョニサン」４つで正方形をつくってみよう

ここで、さらに考えてほしいことがあります。チョニサン（45°・45°・90°）の三角定規は正方形の半分だということがわかりましたが、正方形の$\frac{1}{4}$だと考えることもできます。

チョニサン（45°・45°・90°）の三角定規を４枚使って正方形をつくる様子をイメージしてみてください。できましたか？

２枚で正方形をつくった時は、短い辺が外側になるようにくっつけましたが、今度は長い辺が外側になりましたね。

正方形の２等分、４等分はどちらもしっかりとイメージできるようにしておきましょう。

「サンタクロース」６枚で正三角形をつくってみよう

もう１つのサンタクロース（30°・60°・90°）の三角定規についても、正三角形の半分だという話でしたが、正三角形の$\frac{1}{6}$だと考えることもできます。

サンタクロース（30°・60°・90°）の三角定規を６枚使って正三角形をつくるにはどうすればよいでしょう？

チョニサン（45°・45°・90°）の三角定規を４枚使って正方形をつくった時と同じように、２枚をくっつけた時には、隠れていた辺が外側になるように並べるとできます。

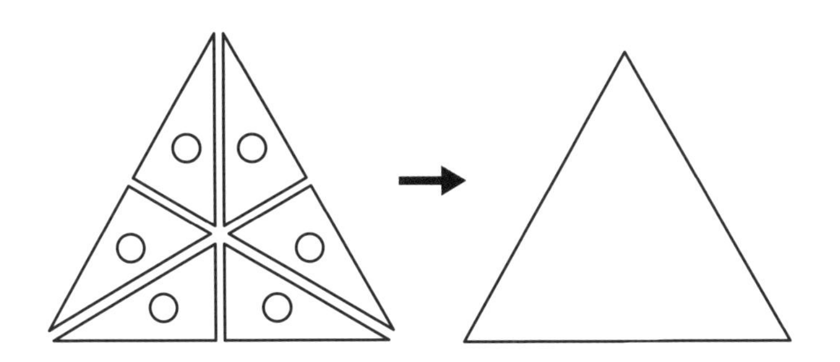

イメージできましたか？　このように６枚くっつけると大きな正三角形をつくることができます。

２枚分のものと比べると、面積が３倍になっていることになります。

三角定規を使いこなして正多角形を攻略しよう

このように、**三角定規を組み合わせてつくった大きな正方形や正三角形の一部だけを取り出して、問題がつくられることはよくあります。**

三角定規を使いこなすことが、２章や３章で扱う正多角形の問題を考えることにもつながっていくのです。

隠れた三角定規を見つけよう

同じ図形をもう1つくっつけると答えが見えてくる

では、いよいよ17ページの例題1について解説します。ここまでの説明をふまえて、もう一度考えてみてください。問題も、あらためて見ておきましょう。

例題1

次の三角形ABCの面積を求めなさい。

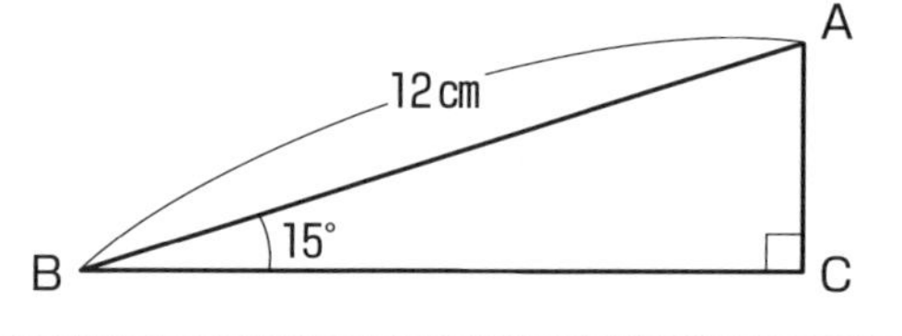

この問題を解くには、同じ図形をもう1つくっつけて、30°をつくる必要があります。

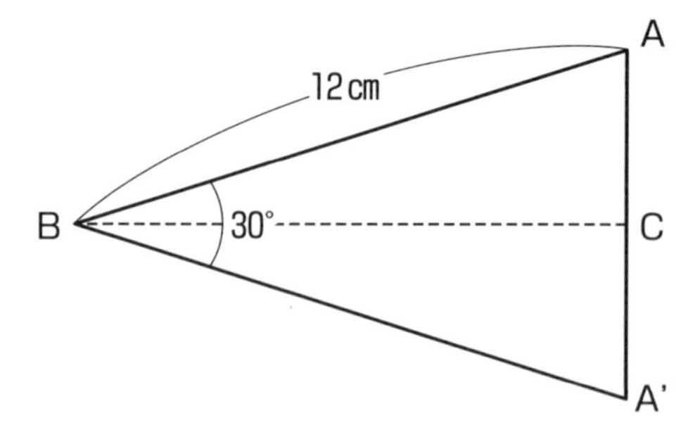

そして、30°を見つけたら、三角定規を連想できるようになってください。この中にサンタクロース（30°・60°・90°）の三角定規、すなわち「正三角形の半分」が隠れているのが見えますか？

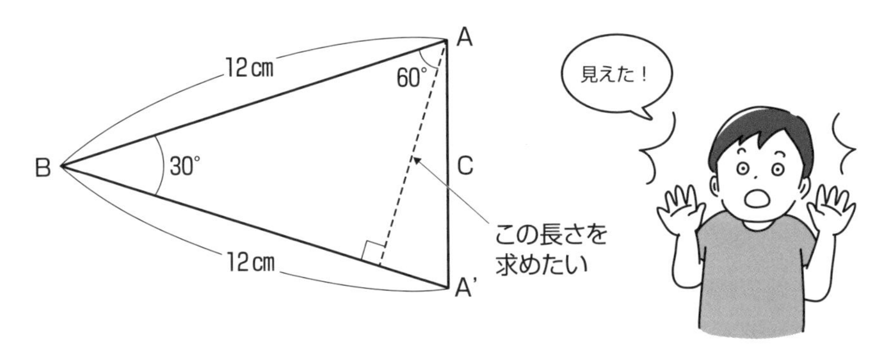

サンタクロースの「もっとも長い辺の長さ」と「もっとも短い辺の長さ」は2：1になるので、上図の破線部分の長さは、12÷2＝6㎝だとわかります。

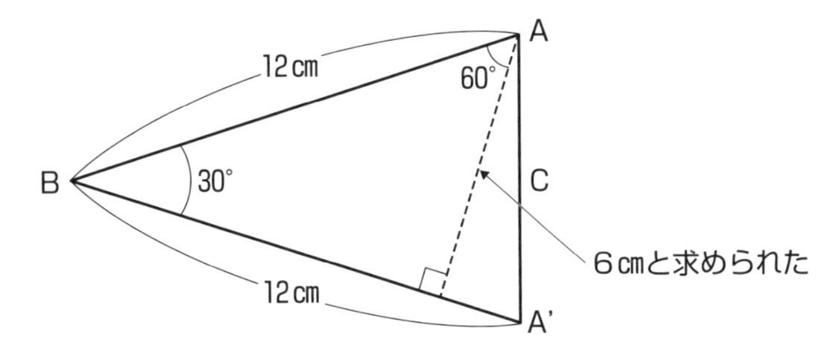

これで、三角形ABCを2つくっつけた形である、三角形ABA′の面積が求められそうです。底辺が12㎝、高さが6㎝なので、12×6÷2＝36㎠と計算できます。

よって、三角形ABCの面積は36÷2＝**18㎠**となります。

このように、30°や60°に関連した角度が出てきたら、「三角定規の形かもしれない」「辺の長さが2：1かもしれない」と思って問題を解いてみましょう。

「サンタクロース」と間違いやすい「サシゴの三角形」

ここで、サンタクロース（30°・60°・90°）の三角定規とよく混同してしまう図形についても紹介しておきます。

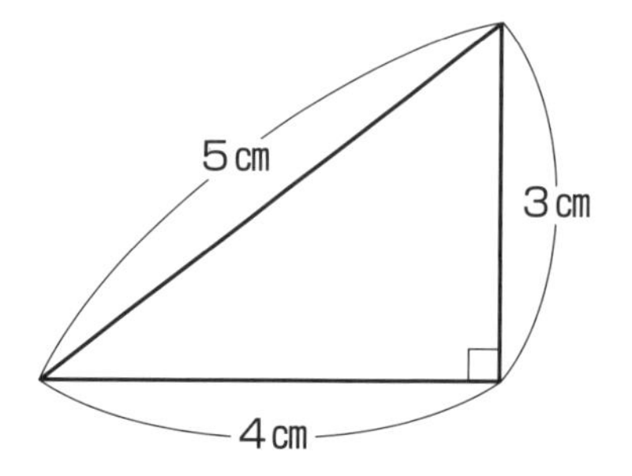

３辺の長さが「3：4：5」の直角三角形です。ここでは簡単に、３㎝、４㎝、５㎝としておきます。

３辺の長さをすべて整数で与えられる直角三角形は特別な直角三角形です。

とくに**「3：4：5」のものは、「サシゴの三角形」と呼ばれることが多く、入試問題でもよく登場します。**

形がサンタクロース（30°・60°・90°）の三角定規に近いので、この図形を見た時に算数が得意な生徒でも反射的に30°や60°と書き込んでしまうことがあります。

でも、まったく関係のない別の図形なのでしょう！

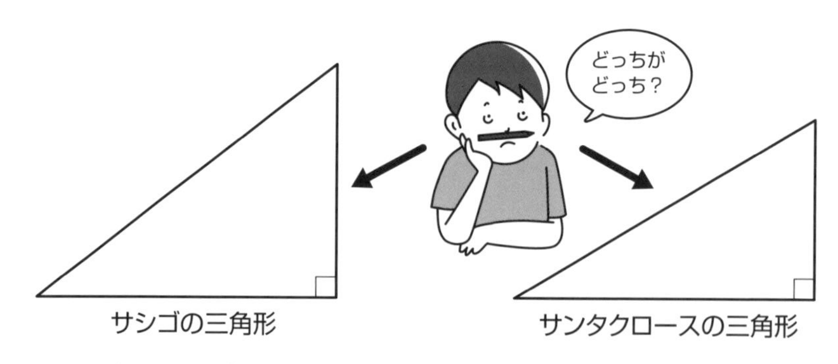

図が正確であれば、見た目でなんとか識別できるかもしれませんね。上の2つの図の場合、左が「サシゴの三角形」で、右が「サンタクロース（30°・60°・90°）の三角形」です。

三角定規を見つけることが解答への近道

では、話を三角定規に戻します。三角定規を見つける練習として、次の問題を考えてみましょう。

例題2

次の四角形ABCDの面積を求めなさい。

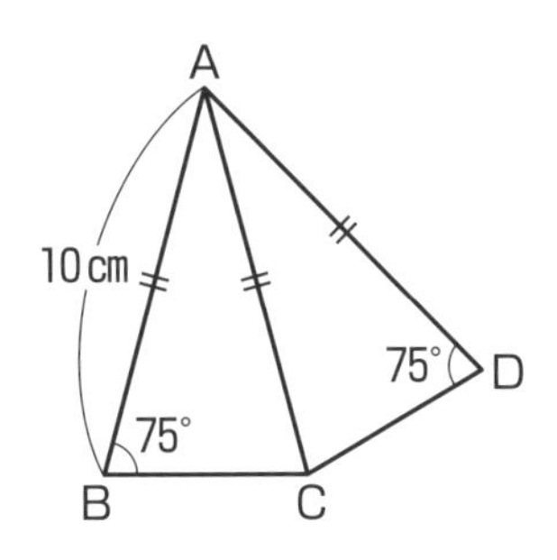

例題1よりも、三角定規を見つけやすかったのではないでしょうか。75°の二等辺三角形が2つくっついた形になっていますが、残りの角度も求めてみましょう。

180°から75°を2つ（150°）引くと、30°となります。
30°と言えば三角定規の角度であり、正三角形の半分の角度ですね。

ですから、正三角形や「正三角形の半分」が隠れているかもしれないと考えてみるのです。

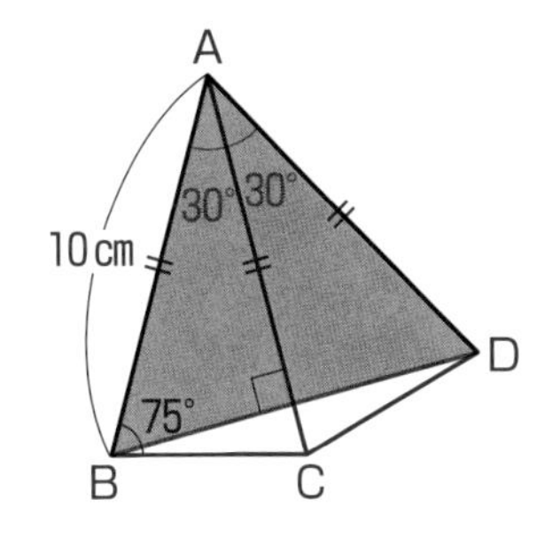

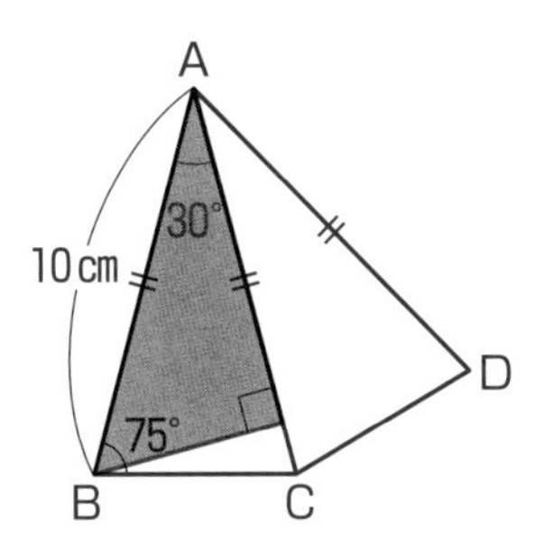

前ページの図から、正三角形が隠れているのがわかりましたね。

四角形全体を一度に求めることもできますが、正三角形ABDを左右で分けて考えてみましょう。

10㎝を底辺と考えると、高さは10㎝の半分の5㎝となります。そうすると、三角形ABCと三角形ACDそれぞれの面積が、10×5÷2＝25㎠になります。

四角形ABCDの面積は三角形ABCと三角形ACDの面積を合わせて、25×2＝**50㎠**と求めることができます。

正多角形は等しい二等辺三角形に分割できる

では、こんな問題はどうでしょう。

例題3

次の正十二角形の面積を求めなさい。

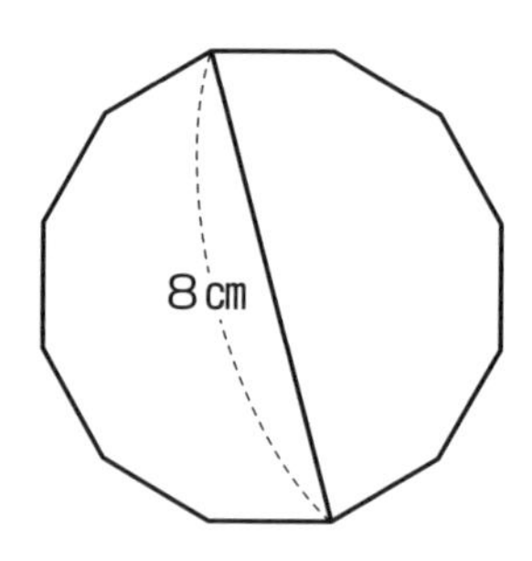

「正十二角形の面積なんて求められないよ！」と思うかもしれません。でも、ここまで勉強してきたことだけで解くことができるのです。

正多角形について、詳しくは3章で話をしますが、ここでは、正多角形の大切な性質である「円にピッタリと接する」ということについて、触れ

ておきますね。

次のように、正多角形は円の内側にピッタリと接しています。円周上を等しい間隔に結ぶことで描ける図形だと言い換えることもできます。

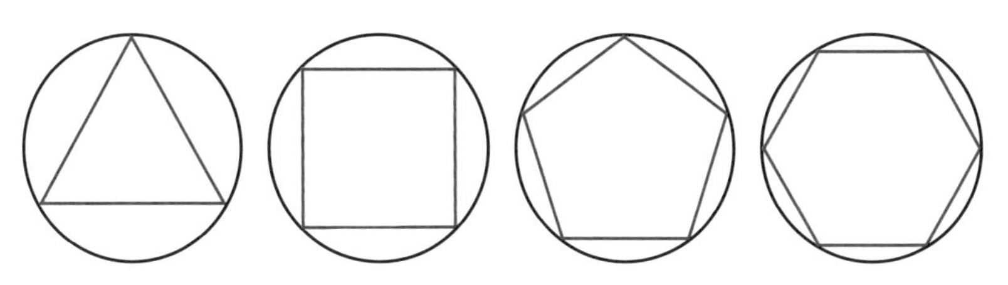

そうすると、正多角形の頂点と、円の中心を結ぶことで、等しい二等辺三角形に分割することができます。

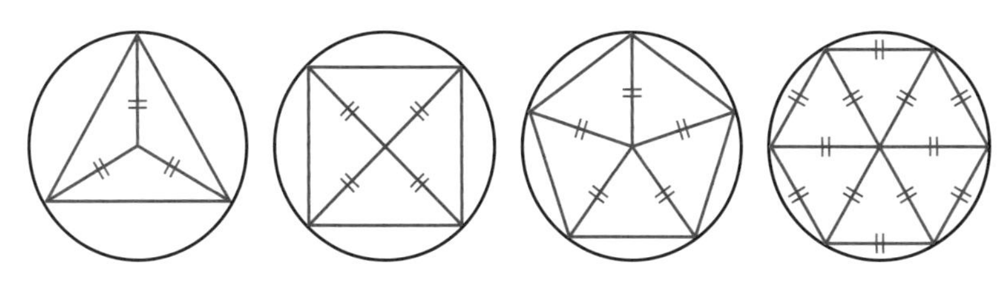

きれいな形ですよね。このように、正多角形は二等辺三角形が集まってできた図形だと考えることができます。とくに、正六角形は、二等辺三角形ではなく正三角形が集まった図形だとも言えますね。

では、例題3の正十二角形は、どんな二等辺三角形が集まってできているのでしょうか。まずは、12個の二等辺三角形に分けてみましょう。

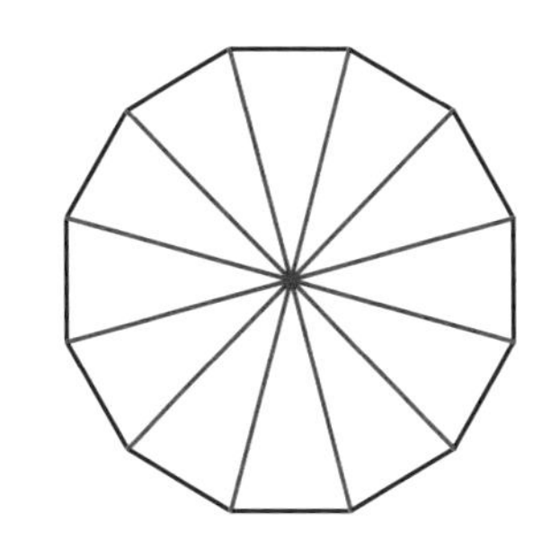

真ん中が12等分されることに注目すると、その角度は360÷12＝30°と求められます。

二等辺三角形なので、残りの角度についても、(180－30)÷2＝75°となっていることがわかります。

もうわかりましたよね？

例題２で出てきた二等辺三角形と同じものです。正三角形や「正三角形の半分」を見つけられましたか？

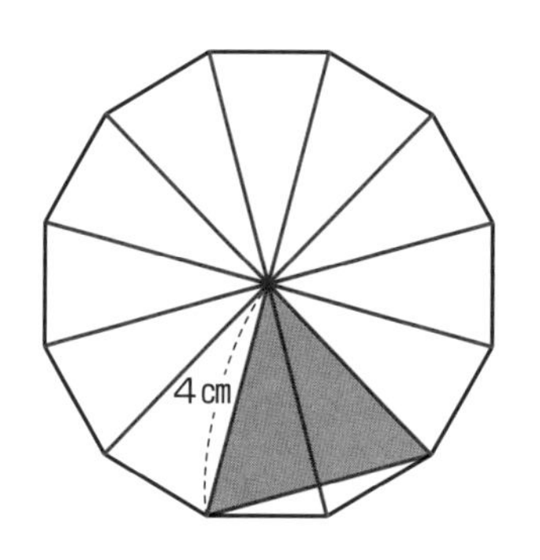

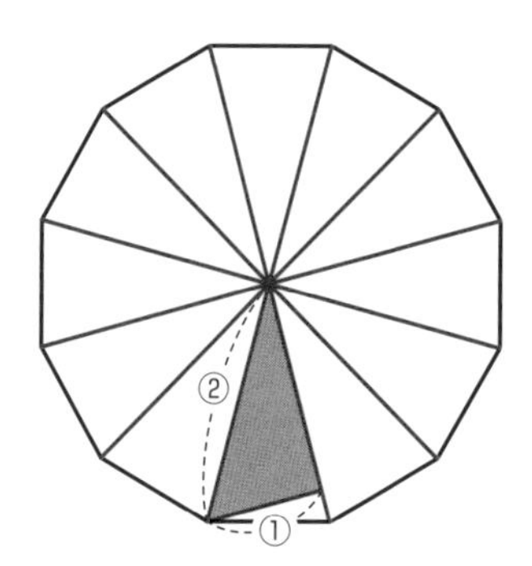

今回も、まず１つ分を求めてみましょう。８÷２＝４㎝というのが、二等辺三角形の辺の長さ（②）ということになります。すると、4㎝を底辺とした時の高さ（①）は、４÷２＝２㎝となります。

二等辺三角形１個分の面積が、４×２÷２＝４㎠なので、全体の面積は、４×12＝**48㎠**ということになります。

1章のまとめ

ここでは、各章で学んだことをまとめておくので、おさらいしてくださいね。

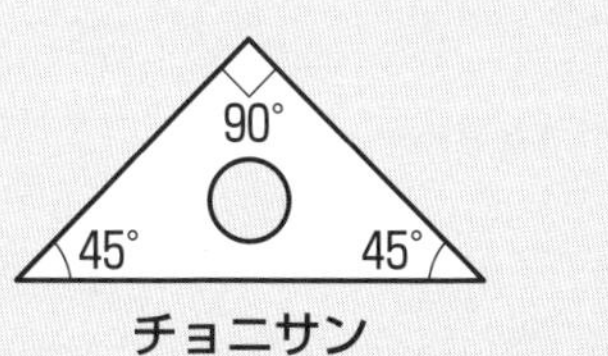

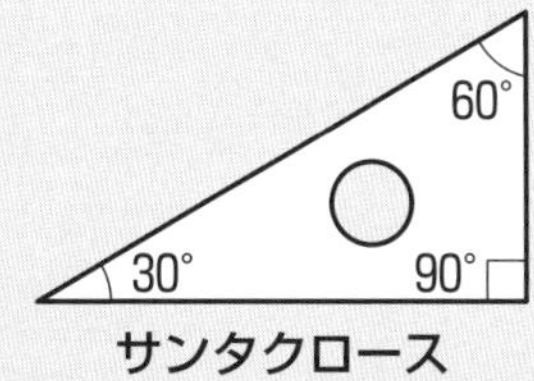

- 三角定規はチョニサン(45°・45°・90°)とサンタクロース(30°・60°・90°)の2種類
- チョニサンは正方形をもとにした図形
- サンタクロースは正三角形をもとにした図形
- サンタクロースのもっとも長い辺ともっとも短い辺は2：1
- 15°、30°、60°、75°、120°、150°といった角度が出てきたら正三角形や三角定規が隠れている可能性を考えよう

では、いよいよ実際の入試問題に挑戦してみましょう。1章では、入試問題を3問用意しました。

まずは解答を見ずに、自力で挑戦してみましょう。

問題の下にはヒントがあります。わからない時は、解答を見る前にヒントを見て、もう一度考えるようにしてみましょう。

入試問題に挑戦 1

四角形ABCDの対角線が図のように、交わっています。四角形ABCDの面積は何㎠ですか。

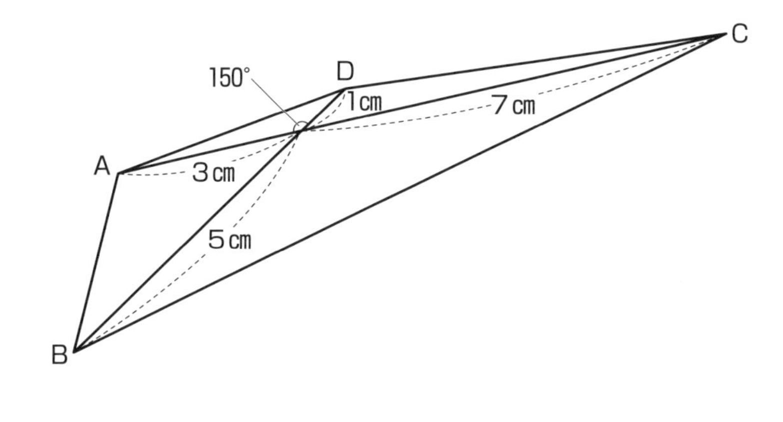

（フェリス女学院中）

解説

四角形ABCDの向きを少し変えて、辺ACで上下に分けて考えます。180−150＝30°ですから、「30°・60°・90°」の三角定規が隠れているのがわかりますね。

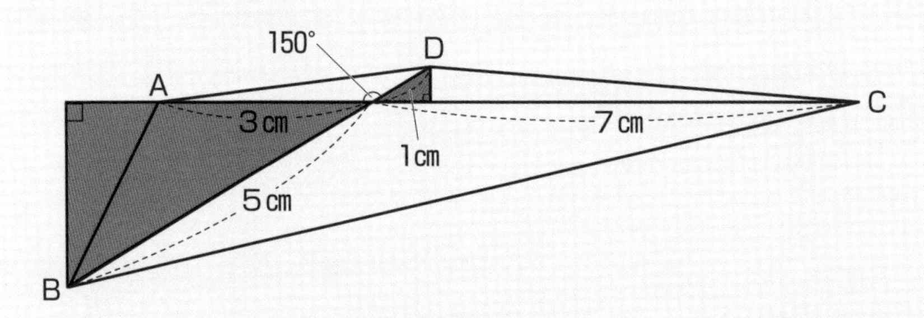

サンタクロース（30°・60°・90°）のもっとも長い辺ともっとも短い辺は2：1なので、三角形ACDの高さは、

1÷2＝0.5㎝

三角形ACDの面積は、

（3＋7）×0.5÷2＝2.5㎠となります。

三角形ABCの高さは、

5÷2＝2.5㎝

三角形ABCの面積は、

（3＋7）×2.5÷2＝12.5㎠

よって、四角形ABCDの面積は、

2.5＋12.5＝15㎠となります。

入試問題に挑戦 2

下の図は、三角形ABCの辺ACの真ん中の点をDとして頂点Bと点Dを結び、頂点Aから辺BCに垂直な直線AHを引いた図形です。角BCAの大きさが30度、角BDAの大きさが45度の時、角ABDは何度ですか。

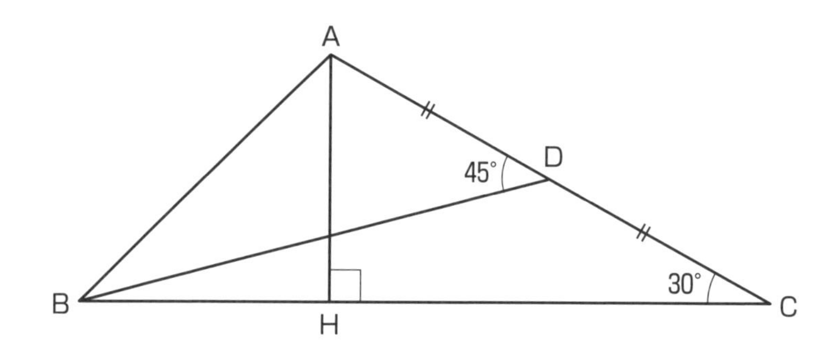

（豊島岡女子学園中）

解説

三角形AHCが正三角形の半分なので、角CAH＝60°となります。
「30°・60°・90°」の三角定規の長さの比は、もっとも長い辺：もっとも短い辺＝2：1なので、AHはACの半分。

ADもACの半分であることから、AH＝AD。三角形AHDは二等辺三角形であることがわかります。かつ角DAHが60°ということから、三角形AHDは正三角形であることが導き出せます。

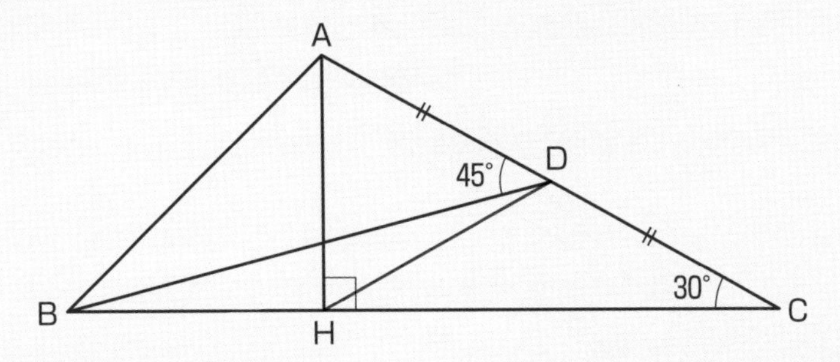

角BDH＝角ADH－角ADB
　　　＝60－45＝15°
角BHD＝角AHB＋角AHD
　　　＝90＋60＝150°
角DBH＝180－（角BHD＋角BDH）
　　　＝180－（150＋15）
　　　＝15°
角BDH＝角DBHですから、三角形BHDは二等辺三角形であることがわかりますね。
DH＝BHですから、BH＝AH。三角形ABHは直角二等辺三角形なので、角ABH＝角BAH＝45°と求められます。
よって角ABD＝角ABH－角DBH
　　　＝45－15
　　　＝30°であるとわかります。

入試問題に挑戦 3

図の三角形ABCにおいて、点Dは辺ACの真ん中の点です。角アの大きさは何度ですか。

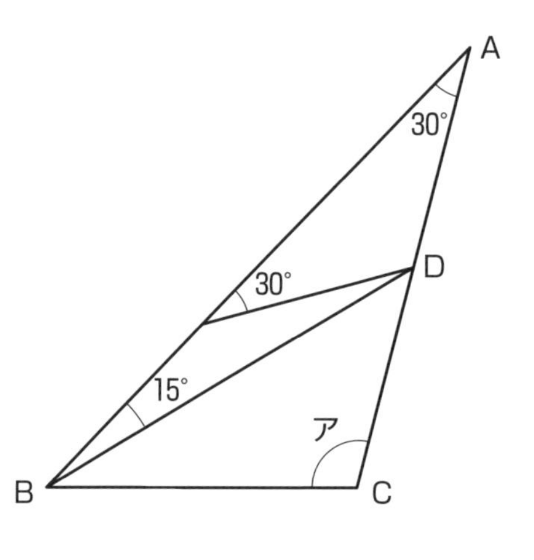

（早稲田中）

解説

下図のようにAB上の点をEとします。

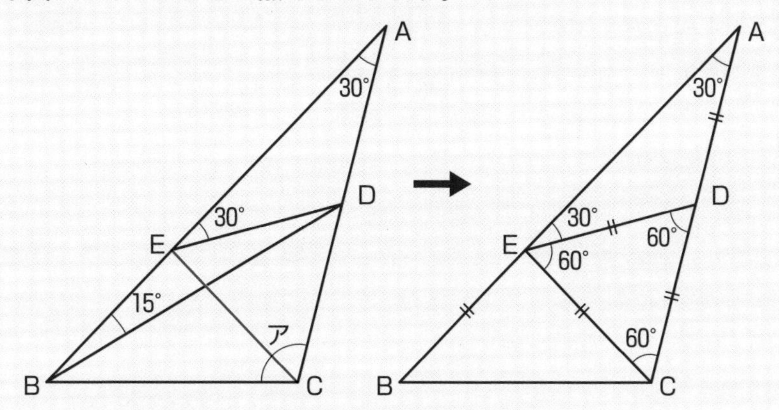

角EAD＝角DEA＝30°より、DA＝DEです。

角DEB＝180－角AED
＝180－30
＝150°

角EDB＝180－（角DEB＋角EBD）
＝180－（150＋15）
＝15°

角EBD＝角EDB＝15°より、DE＝BEです。

角ADE＝180－（30＋30）
＝120°

角EDC＝180－角ADE
＝180－120
＝60°

角EDC＝60°かつ、DE＝DCのため、三角形EDCは正三角形ということがわかります。

また、EB＝EC、

角BEC＝180－（角AED＋角DEC）
＝180－（30＋60）
＝90°

角BECが90°のため、三角形EBCは直角二等辺三角形であることが導き出せます。
よって、角ECBは90÷2＝45°とわかります。
解答は、角ア＝角ECB＋角ECD
＝45＋60
＝105°

じつは、〈入試問題に挑戦2〉と〈入試問題に挑戦3〉は、三角形ABCの形が同じものになっています。

どちらもチョニサンとサンタクロースをくっつけた図形ですね。

気がつきました？

1章はこれで終わりです。

三角定規を使った問題は、奥が深いですね。

この問題を繰り返し解いて覚える必要はありません。

大事なことは、三角定規の性質を覚えておくこと、そして30°や45°といった角度が問題に出てきたら、「三角定規かもしれない」と考えられるようになることです。

コツがわかれば、ぐっと解きやすくなりますよ！

第2章

正方形を基準に考える

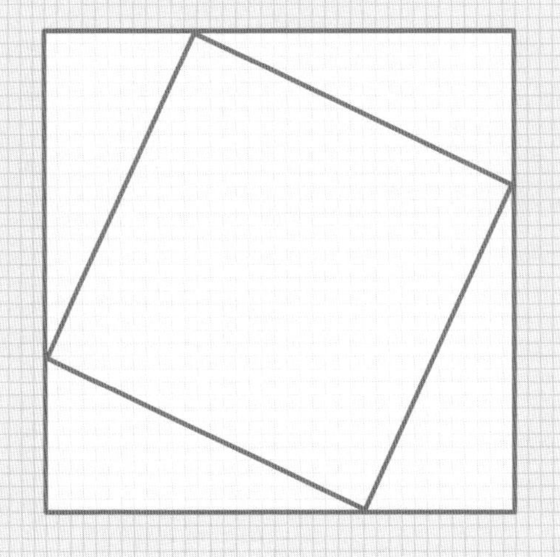

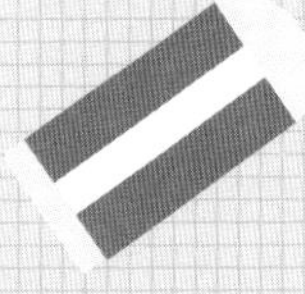

第2章 なぜ、多くのゲームで正方形が使われているのか？

最近の小学生はゲームばかりしているようですね。香川県では「コンピュータゲームは平日１日60分まで」という条例もできたそうですよ。まなぶ君も、普段からゲームをしているのですか？

はい！ 今は『スーパーマリオメーカー２』にハマっています。

人がつくったゲームをしていておもしろいものですか？ 時間は有限ですからムダに過ごしたくないところですが…。

このゲームは自分がつくったコースをネットに投稿（とうこう）できるんです。世界中の人が自分がつくったコースで遊んでくれるのは嬉しいし、高評価がついたりもするんですよ。

なるほど。ゲームも進化しているのですね。

ブロックを置いてゲームのコースをつくっていくんです。レンガブロックにハテナブロックを並べたりして…こんな感じです。

同じ形のブロックが多いですね。これは何の図形だと思いますか？

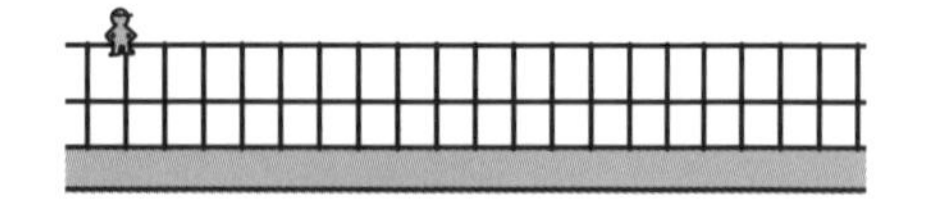

え？ 先生は何でも勉強につなげてくるなぁ…。正方形かなぁ。

そう。このゲームでも正方形が使われています。辺の長さもすべて等しく、角度もすべて直角。マス目にブロックやアイテムや敵

を配置していくから、正方形がベースになっているんです。他にもゲームで正方形が使われていることは多いんですよ。どんなものがあるでしょうか？

えっと、マイクラかな。

……先生でもわかるゲームの名前にしましょう。

え～。そんなこと言われても、わかりません。

オセロや将棋（しょうぎ）などは、マス目になっています。チェスもそうですね。

そうだけど…、先生の言うゲームは、ちょっと古いような…。パズドラも丸いけど、マス目は正方形のブロックになっている気がするし。
でも、そんなにしつこく正方形の話をするということは、今日は正方形の勉強ということですか？

その通りです。東大の入試問題でも、2019年、2013年などでは正方形が出題されているし、算数、数学を学習していく中では、正方形を正しく理解しておくことは、とても重要です。

１辺×１辺で面積を求められたり、対角線×対角線÷２で面積を求められたりすることはわかりますよ。簡単簡単！　それと、1章でも勉強したように、直角二等辺三角形を２つ集めたら正方形になりますよね。もうこれ以上、学ぶことってあるのかなぁ？

フフフ…まだまだたくさんありますよ。でも、まなぶ君は今日の問題にチャレンジするのに十分な武器をすでに持っています。正方形のような正多角形は美しい図形です。困ったら、美しい図形を思い出してみることが大切なんですよ。

先生、ちょっとキャラが変わっちゃってる…。早く問題にチャレンジさせてください。

正方形の一部を取り出す

複雑な図形が出たら、大きな正方形で考える

身の回りにあるものの形に注目してみてください。テレビや冷蔵庫といった電化製品や、机や窓の形を見ると、長方形の形をしたものが多いのではないでしょうか。

長方形はすべての角が直角になっている四角形ですが、その中ですべての辺の長さが等しいものを正方形と言います。

正方形は、さまざまな形の基準になる美しい図形です。**入試では、正方形をもとにした問題がよく出題されています。**

難問も「もともとは美しい図形」

まずは、次の問題を考えてみましょう。

例題4

次の四角形の面積を求めなさい。

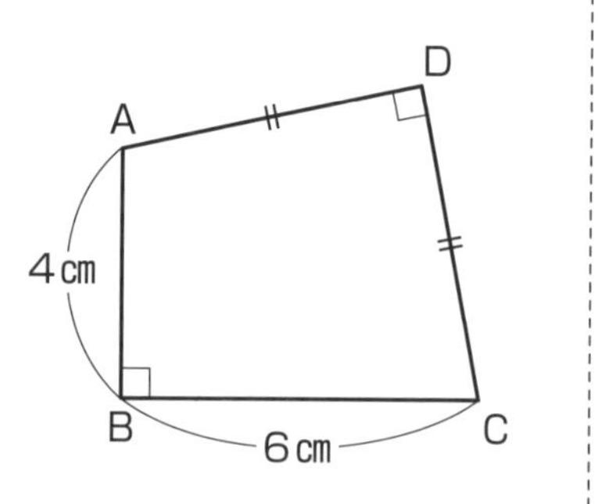

これは長方形や平行四辺形といった面積を求める公式のある特別な四角形ではないので、簡単に求めることはできなさそうですね。

ABとBCの長さが与えられているので、三角形ABCの面積は6 × 4 ÷ 2 ＝12㎠と求められますが、残った直角三角形ACDの面積を求めることは難しそうです。

さて、どうしましょう。

このような問題でつまずいた時には、「もともとは美しい図形だったかもしれない」と考えられるとうまくいくことがあります。

「正方形の一部を切り出した図形」はよく出題される

今回であれば、正方形です。正方形を分割してできた図形かもしれないと思って、もう一度問題を見てみましょう。1章で正方形を2等分したり、4等分したりして直角二等辺三角形をつくったことと少し似ていますね。

さあ、正方形をイメージすることはできましたか？

次の図のように、正方形の中に斜(なな)めに別の正方形がはまっているような図形はよく題材に使われます。

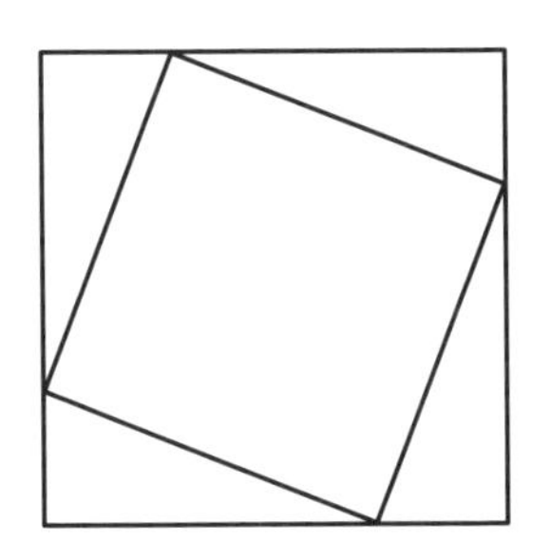

この図形には対称性(たいしょうせい)があり（90°回転させるともとの図形と重なる）、対角線を引くことできれいに4等分することができます。

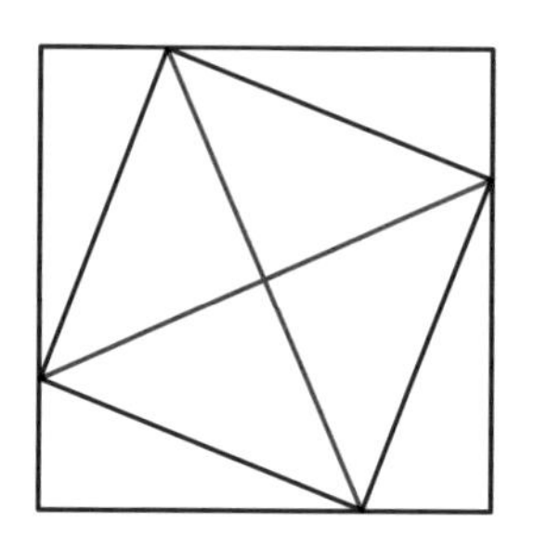

このように正方形を分割するだけであれば簡単な図形ですが、手順を逆にするだけで非常に難しく見せることができます。

次のように、一部だけを切り出してみたらどうでしょう？

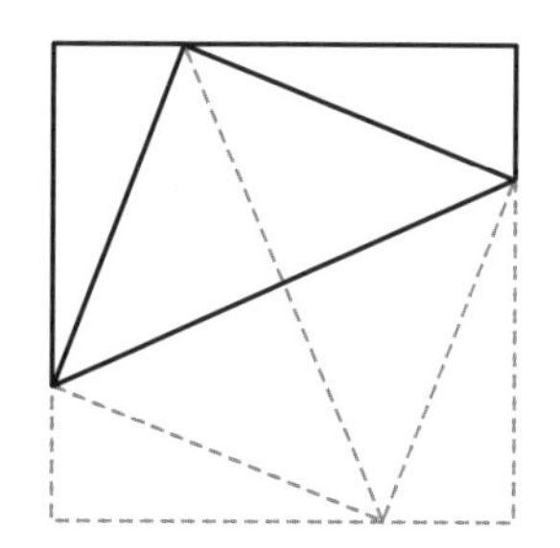

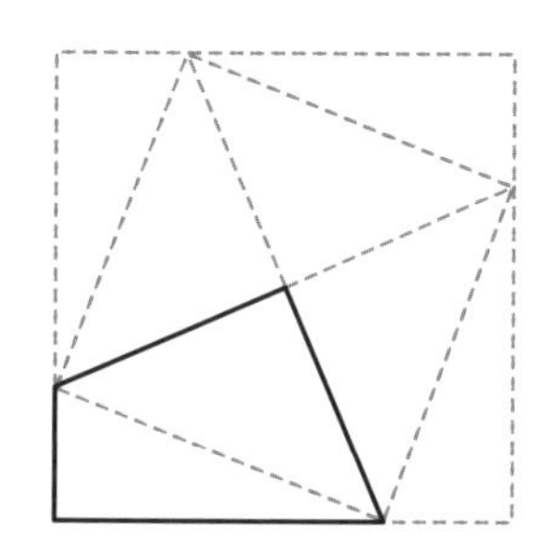

破線部分も描いてあれば、正方形をイメージすることができると思いますが、消してしまうと、とたんにイメージしづらくなってしまいます。実際の**入試問題では、下図のように正方形の一部を切り出した図形がよく出題される**のです。

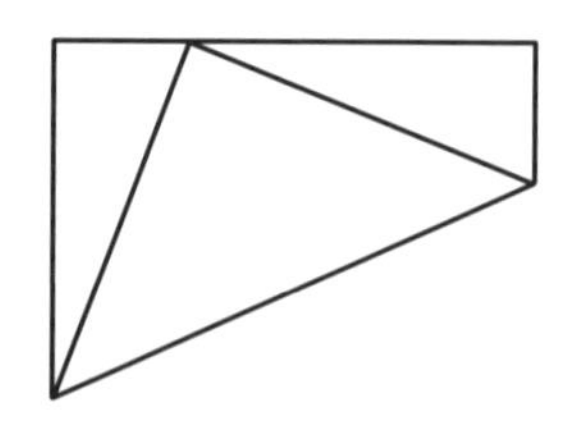

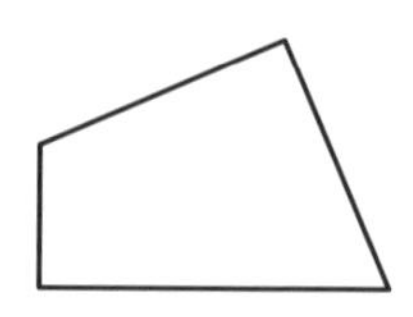

例題４も、まさにそのような図形です！ もう一度確認してみましょう。

例題4

次の四角形の面積を求めなさい。

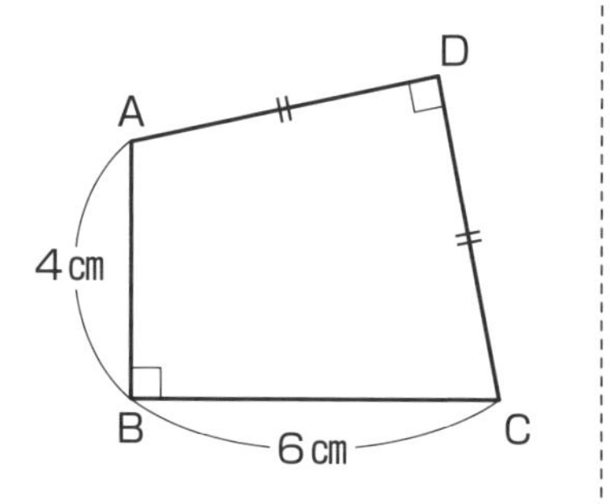

同じ四角形を４つ並べると、次の図のように１辺が４＋６＝10㎝の正方形をつくることができます。

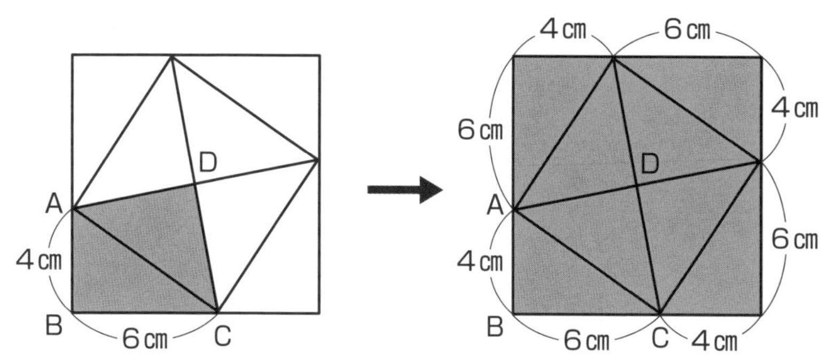

そのことがわかってしまえば、計算は簡単です。

全体の正方形の面積は、

10×10＝100㎠

正方形の面積を４等分すると、

100÷４＝**25㎠**と求められます。

図形は種類よりも、その性質を覚えよう

1つ大切なことを伝えておきます。ここでは、「この図形を4つくっつけたら正方形になる！」ということを覚えてほしいわけではありません。

そんな勉強の仕方をしていると、「見たことがある問題は解けるけど、見たことがない問題は解けない」という状態になってしまい、いつまでもレベルアップしません…。

実際の入試では、見たことのない問題も出題されるわけですから、それでは意味がないのです。また、人の記憶はあいまいなので、よほど強いインパクトでもなければ、いったん覚えてもいずれ忘れてしまいます。

解き方を暗記したくなる気持ちもわからなくはありません。ただそれだけでは、目の前の問題を解けるようになっても、考える力はどんどん奪（うば）われていくのです。

「もとの図形である正方形についていろいろと考えたことがあるから、結果的に背後に隠れている図形が透（す）けて見える」
——理想は、そんな状態になることです。

問題の解き方を覚えるのではなく、もとになっている図形の性質や、問題を解くうえで必要になる具体的な手順を覚えるようにしましょう。

正方形をたくさん並べる

角度の「和」を求める問題では正方形を使う

今度は、正方形に関連した角度について考えてみましょう。次の問題を見てください。

例題5

次の図のように正方形が3つ並んでいます。この時、アとイの角の和を求めなさい。

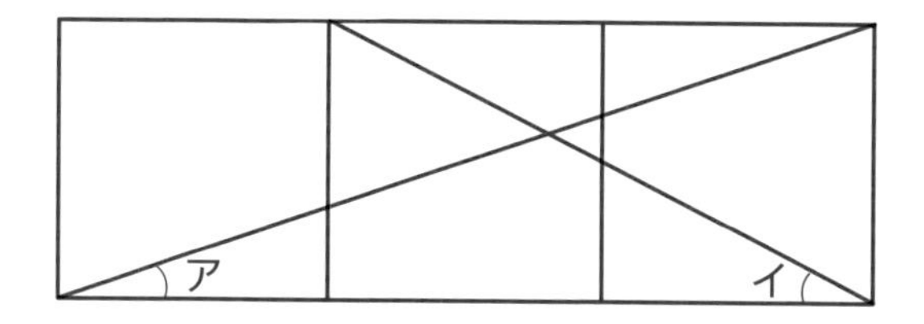

これも毎年必ずどこかの学校で出題されると言っていいほど有名な問題です。

じつは、アの角度もイの角度も求めることはできません。このような和を問われる問題の場合、それぞれの大きさはわからなくても和を求められるケースはよくあります。

「それぞれの角度はわからなくても、和ならわかる」――そう考えていきましょう。

和を求めるために隠れている図形を見つける

さて、アとイの和を求めるには、隠れている特別な形を見つけなくてはなりません。どんな図形が隠れているかわかりましたか？

まずは、アをイのとなりにくっつけて、図形の中にアとイの和をつくってみましょう。イメージしやすいように、正方形のマスも少し増やしておきます。

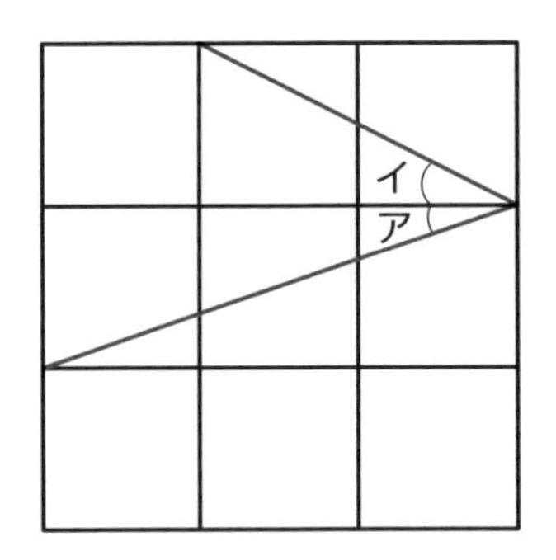

これで、アとイの和ができました。隠れている図形も見えてきたでしょうか。

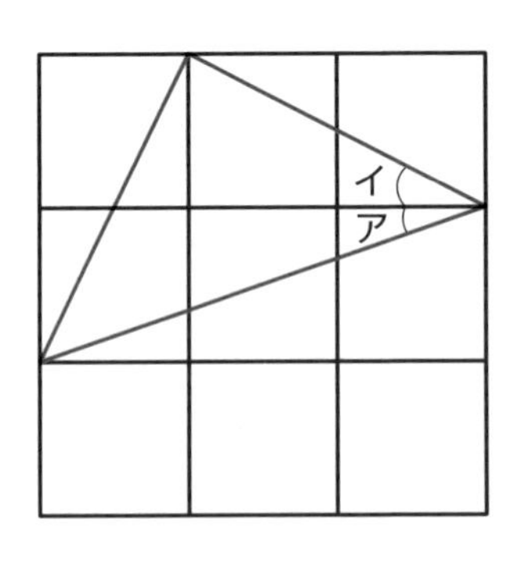

そうです。直角二等辺三角形が隠れていました。

どうして直角二等辺三角形と言えるのかも確認しておきましょう。左右にある直角三角形に注目してください。この２つの直角三角形は“合同”な三角形です。合同とは、形も大きさも等しい図形のことです。

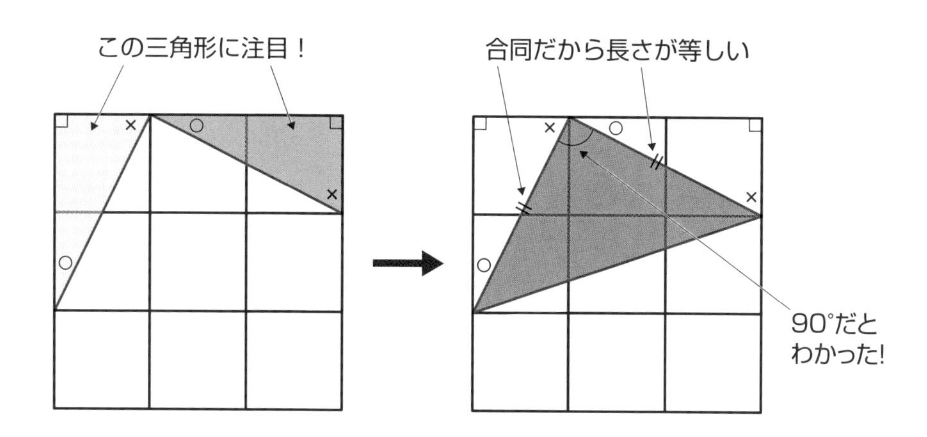

直角ではない角の大きさは、小さいほうの角を「○」、大きいほうの角を「×」とすると、「○」と「×」の和は90°になります。すると、「○」と「×」にはさまれた角度も90°ということになります。

よって、隠れていた図形は、直角三角形であり、二等辺三角形でもある、直角二等辺三角形ということがわかりました。

直角二等辺三角形の角度は「45°・45°・90°」なので、アとイの和は**45°**ということになりますね。

マスを使って正方形を見つける

このように、直角二等辺三角形で考えてもいいのですが、9マスすべてを使うと、正方形も見えてきますね。

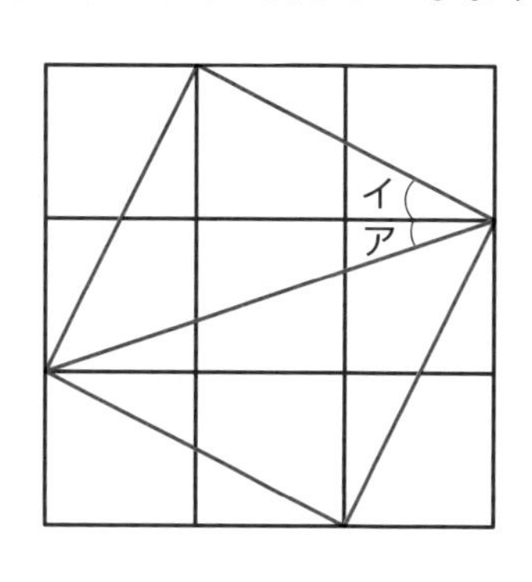

直角二等辺三角形も特別な形です。もちろん、それに気づいただけでも十分です。ただ、この問題については、より美しい形である正方形で考えられるようになってほしいのです。

正方形が絡んだ問題を解く最後の手段

ここでは、正方形が絡んだ問題を解く時のちょっとした秘密にも触れておきます。

先ほどの問題のように正方形を並べて、その頂点を結んで角度を問う問題は、見た目だけで判断しても正解することができます。

正方形を並べたマス目の頂点を結んでも、正三角形や正五角形にはなりません。特別な図形を描くには、正方形に関連する形を描くしかないのです。

正方形の１つの内角は、90°ですね。それを半分にすると45°で、その外角は135°です。
この３つ以外が答えになることは、ほぼありません。

ほぼと言ったのは、360－45＝315°や、360－135＝225°といった角度を問うこともできるからです。ただ、まず出題されないでしょう。90°が問われることもなさそうです。

つまり、このような**正方形のマス目を並べた中でつくられた角度を問われたら、「45°」か「135°」のどちらかを答えておくと正解できてしまう**ということです。

もちろん、これは入試本番の時に使う最後の手段です。

普段の勉強では、常に根拠を持って答えを探し続けるようにしてくださいね。

図にはない正方形を描き出すことが正解への第一歩

では、次のような問題はどうでしょう。

例題6

次のように正方形の頂点と辺の真ん中の点を結びました。色をつけた部分の面積を求めなさい。

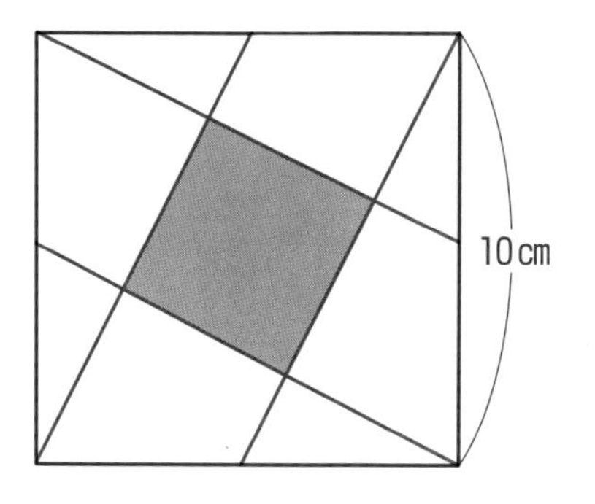

この問題も中学入試にたびたび登場する問題です。まったく同じ問題もよく出ますし、設定をややこしくしたものも出題されます。

ここでは、正方形をうまく使って解くことにしましょう。斜(なな)めの正方形を基準に考えます。

次の図のように、斜(なな)めに正方形のマスが9マス並んでいる様子をイメージしてください。もともとの正方形が、何マス分になるか求めてみましょう。

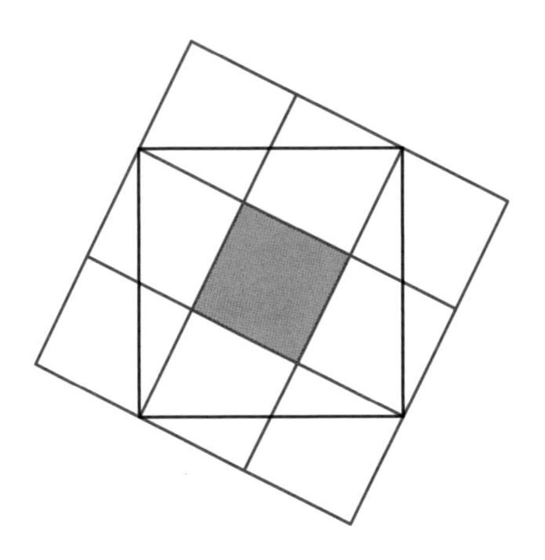

もともとの正方形の外側にある三角形がそれぞれ2マスの長方形の半分で1マス分なので、9－1×4＝5マスと求めることができます。

そうすると、5マス分の面積が、10×10＝100㎠ということになります。ほしいのは1マス分の面積なので、100÷5＝**20㎠**と求めることができますね。

2章のまとめ

- 正方形のマスを並べた中に正方形を描き、その一部が問題の題材となることがある

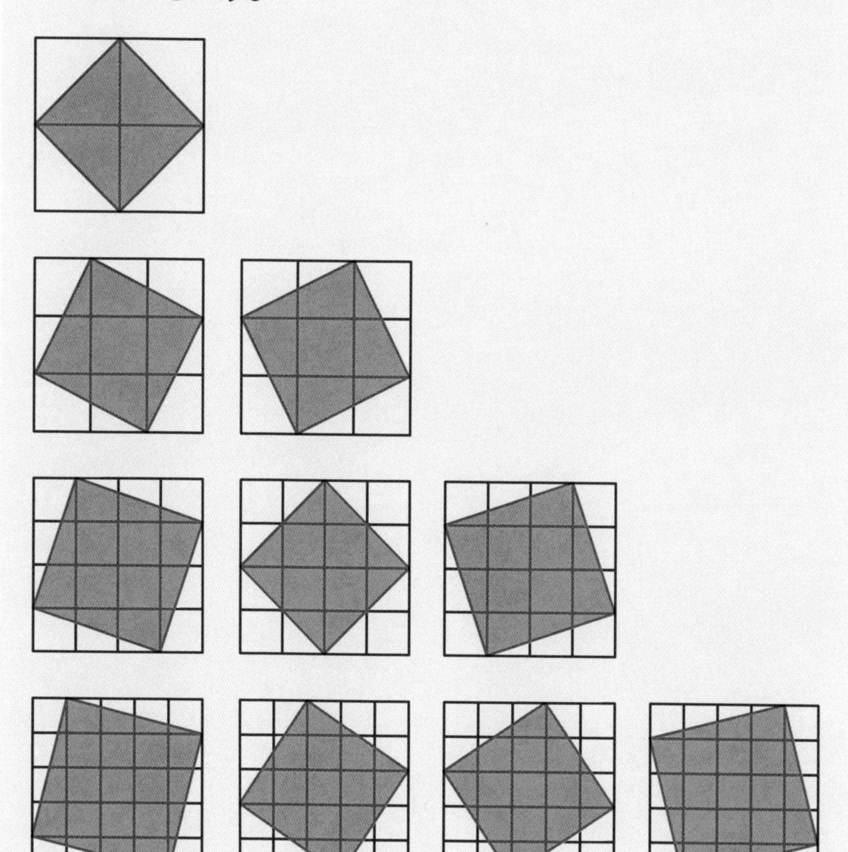

入試問題に挑戦4

長方形ABCDがあります。点E、Fはそれぞれ辺AB、辺AD上の点で、三角形CEFは直角二等辺三角形です。直線CEの長さは何cmですか。

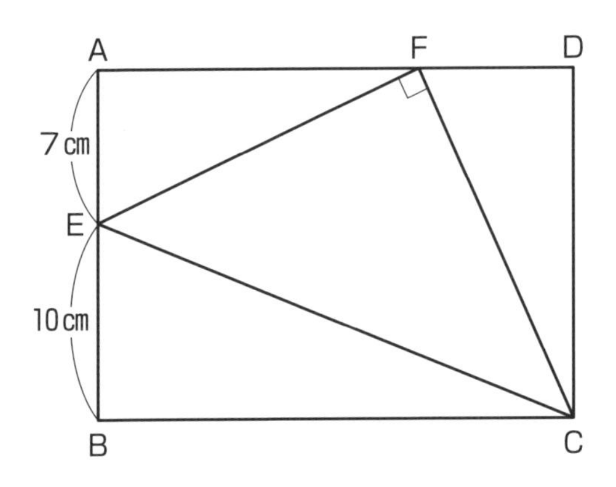

（フェリス女学院中）

解説

直角二等辺三角形は、正方形を半分にした形でした。まずは、点C、E、Fを頂点とした、もとの正方形を描いてみましょう。

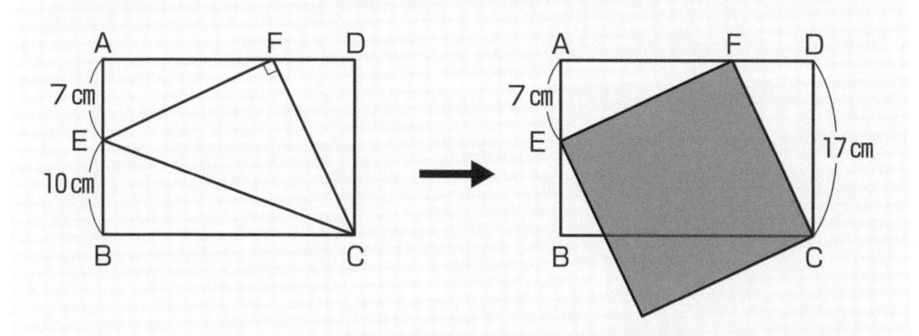

そうすると、斜(なな)めの正方形を取り囲むように、新しく正方形を描けることがわかります。下図のように角度を○、×とすることで、周りの直角三角形がすべて合同（形も大きさも等しい）であることを確認できます。

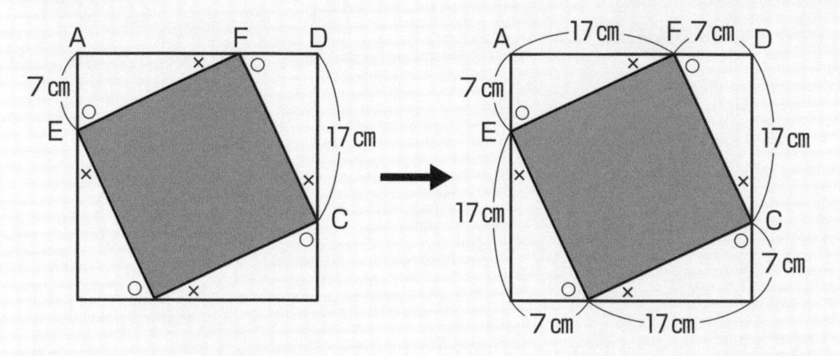

新しくできた正方形の１辺の長さは、7＋17＝24㎝です。斜(なな)めの正方形の面積は、全体の面積から周りの直角三角形の面積を引いて求めることができます。

24×24＝576㎠（全体の正方形の面積）

7×17÷２＝59.5㎠（周りにある直角三角形１つ分の面積）

576－59.5×４＝338㎠（斜(なな)めの正方形の面積）

求めたいCEの長さは、斜めの正方形の対角線の長さです。

正方形の面積は、ひし形の面積と同様に「対角線×対角線÷２」で求められるので、CEの長さを□㎝として、

□×□÷２＝338㎠

両辺を２倍すると、

□×□＝676

同じ数をかけて676になる数を探すと、

□＝26㎝だとわかります。

ひし形の面積、正方形の面積の
公式「対角線×対角線÷2」も
忘れないようにね

入試問題に挑戦５

四角形ABCDは、２本の対角線が点Oで直角に交わり、AOの長さは６㎝、BOとDOの長さはどちらも２㎝、COの長さは４㎝です。このとき、角xの大きさと角yの大きさの和は何度ですか。

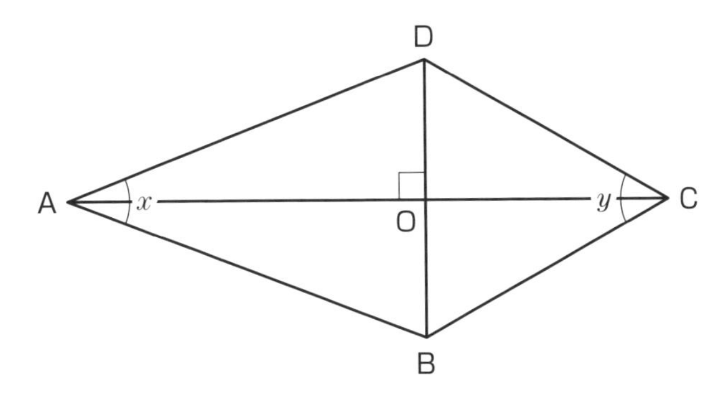

（渋谷教育学園幕張中）

解説

次の図のように、1辺2㎝の正方形のマスがたくさん並んでいる様子をイメージしましょう。

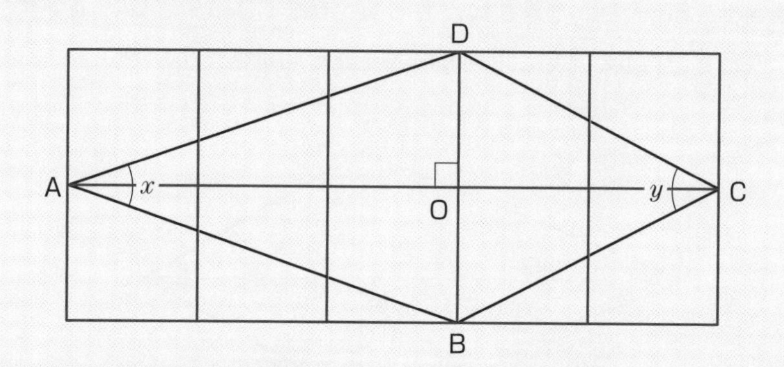

これで、例題5と同じ問題だと気づいたのではないでしょうか。xの半分とyの半分を組み合わせた形をつくってみましょう。

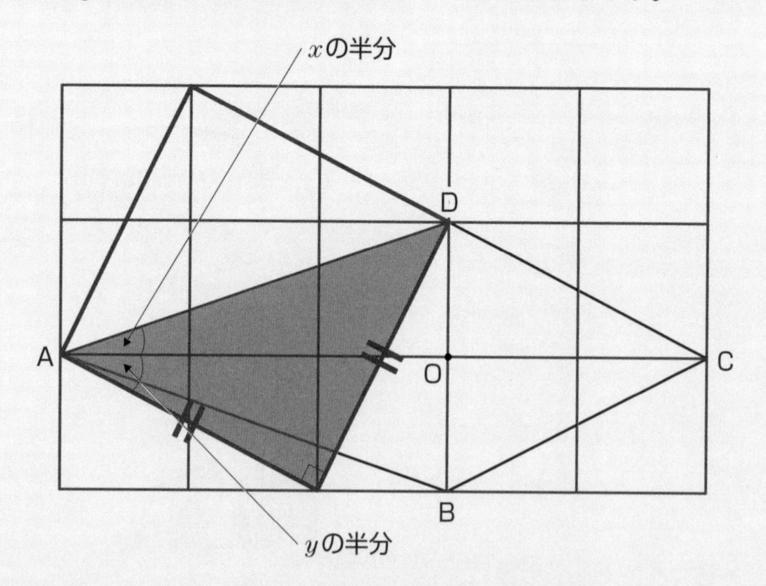

このように、正方形や直角二等辺三角形を発見できれば、xの半分とyの半分の和が45°、xとyの和が**90°**と、すぐにわかります。

入試問題に挑戦 6

右の図のような1辺の長さが10㎝の正方形があり、辺上の点は各辺を5等分しています。▬部分の面積は□㎠です。

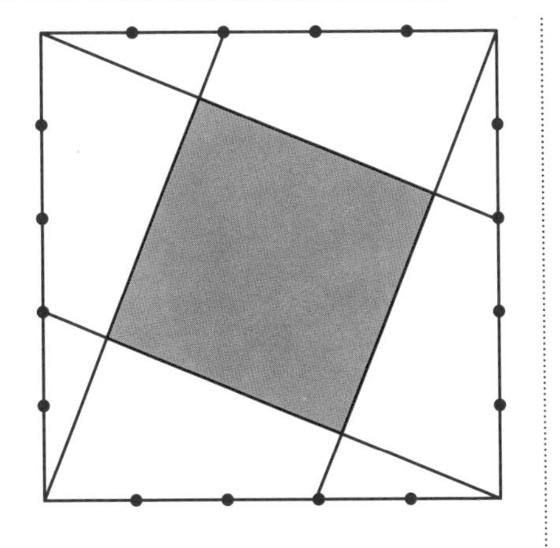

（明治大学付属明治中）

解説

補助線なしで解くこともできますが、ここでは、同じような向きの線を図の中に書き込むことにしましょう。まずは、与えられた５等分の点を結ぶことで４本書き込みます。続いて、残った点からも平行な線を４本引いてみましょう。

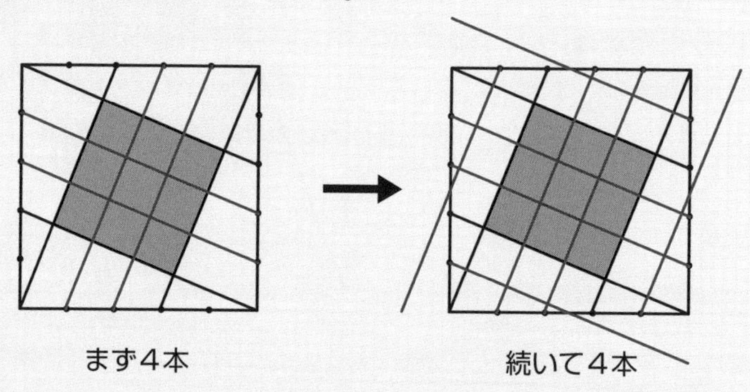

すると、斜(なな)めに正方形のマスが並んでいる様子が見えてきます。

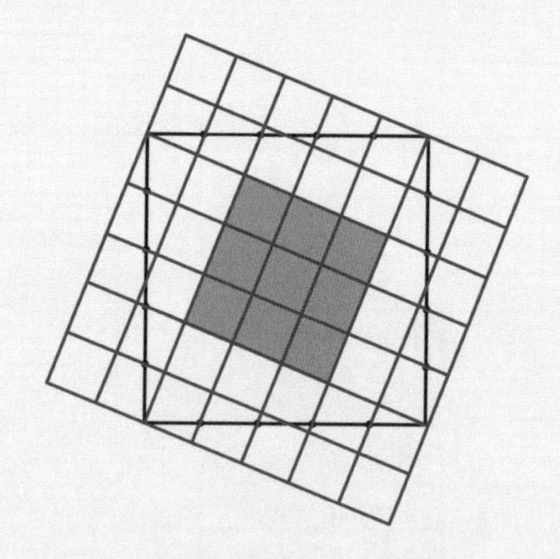

上図のように、７×７＝49マスの正方形が斜(なな)めに並んでいる中で考えます。もともとの正方形の面積は、全体から周りの直角三角形を４つ引いて49－２×５÷２×４＝29マス分。
求める面積は３×３＝９マス分なので、

$$10\times10\times\frac{9}{29}=\frac{900}{29}=31\frac{1}{29}\text{cm}^2$$

数字は少し複雑ですが、数えるだけで解けてしまいます。

このように、正方形を基準に考えると、難関校の入試問題でもパッと解けることがあるのです。

では、２章はここまで。

第3章

正多角形の特徴をつかむ

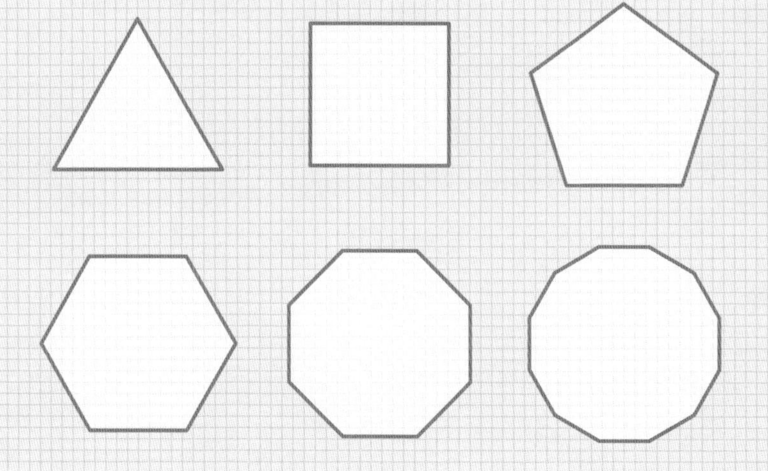

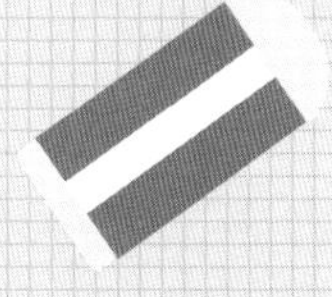

「レンチ」「ハチの巣」が正六角形のワケ

教室に新しいテレビが届きましたよ！ 最近はオンライン授業も当たり前になりましたが、こうやって大きな画面で映し出せるのはいいですね。

地震が起きても大丈夫なように、転倒防止用のワイヤーもつけるんですね。あれっ？ 正六角形の形をした工具が入ってる…。

それは六角レンチです。ボルトやねじを固定したり、ゆるめたりする時に使うんですよ。

へ～！ そう言えば、ボルトの形も正六角形であることが多いなぁ。どうしてなんですか？

いい疑問を持ちましたね！ ちょっと考えてみましょう。

先生は、すぐに教えてくれないからなぁ…。う～ん…。正三角形とか正四角形だと傷がつきそうだから、円に近いほうがいいのかな。

まなぶ君、いいですね。「どうしてだろう？」と、自分なりに推測してみるクセをつけるのはとても大切です。ただ、正三角形や正四角形だと傷がつきそうという理由なら、正八角形でも正十二角形でもいいことになりますよね。

確かに…。わからないなぁ。

これは難しいから教えますけど、角の数が多くなりすぎると、工具とねじの接触面積が少なくなって、壊れやすくなってしまうのです。簡単に言うと、正六角形はバランスがいい。美しい形をしていますよね。他に、正六角形でできている有名なものは何があるでしょうか？ ヒントは昆虫です！

わかった！ ハチの巣です。

正解！ ハチの巣は正六角形でできていますね。これには、理由があるのです。

う～ん…。美しいからかなぁ？

それは人間の感覚の問題で、ハチがそう思ったわけではないですね。ハチにとって、生きていくために正六角形はとても大事な形だったのです。今日はそのあたりを勉強していきましょう。

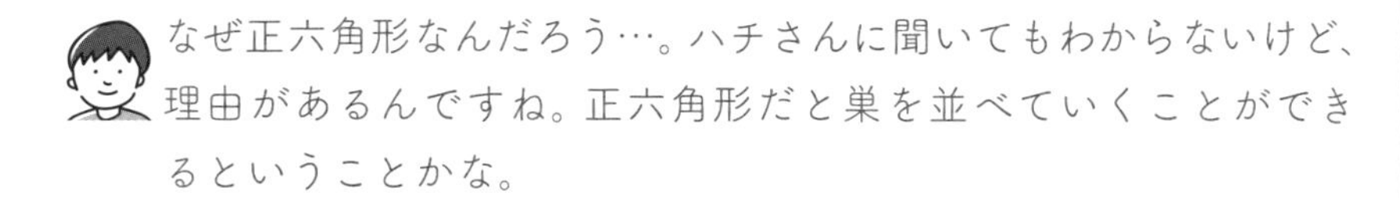

なぜ正六角形なんだろう…。ハチさんに聞いてもわからないけど、理由があるんですね。正六角形だと巣を並べていくことができるということかな。

素晴らしい！ それは大きな理由です！ 正八角形を描いてみたらわかると思いますが、これでは敷き詰めることができません。円でも、すき間ができてしまいます。
正六角形なら、すき間なく敷き詰められるのです。でも、それなら正方形でもいいんじゃないでしょうか？

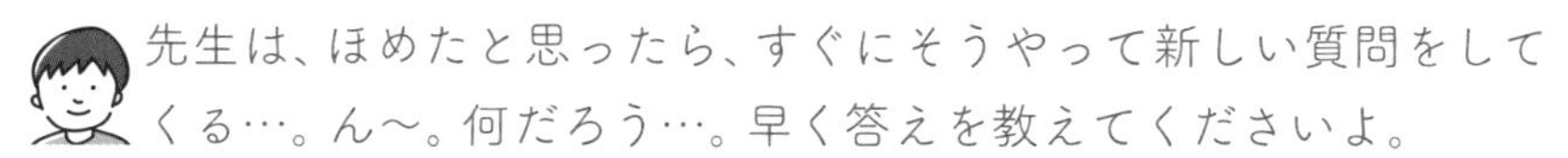

先生は、ほめたと思ったら、すぐにそうやって新しい質問をしてくる…。ん～。何だろう…。早く答えを教えてくださいよ。

ヒントは右の図です。

わかった！ 同じ面積をつくる時、正六角形は周の長さが短いから、材料が少なくてすむということかな!? なんだか、自然の神秘を感じるなぁ。

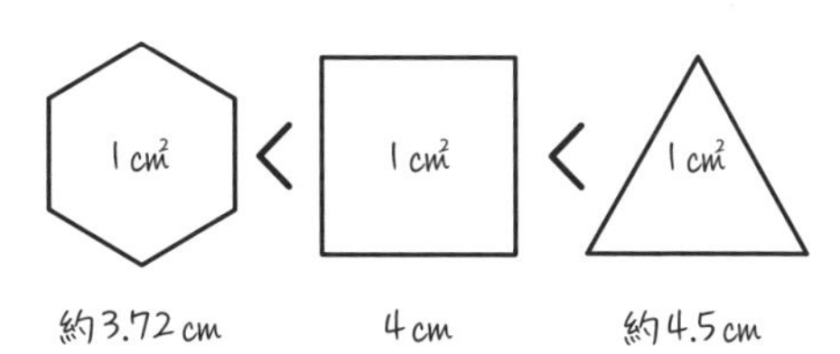

正多角形の特徴を押さえよう

正多角形は、すべての辺と内角が等しい

正方形は、正多角形と呼ばれる「すべての辺の長さが等しい多角形」の一種です。

正方形以外にも、さまざまな正多角形があります。ここまでの話の中にも、いくつか登場していましたね。

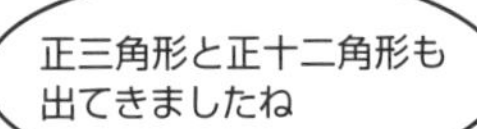

正多角形は対称性に優れている（回転したり折り返したりすると重なる）図形で、すべての辺や角が等しいことに加えて、すべての点が円の内側に接するという性質があります。

正多角形は無限につくることができますが、中学入試によく登場する正多角形は次の６種類です。

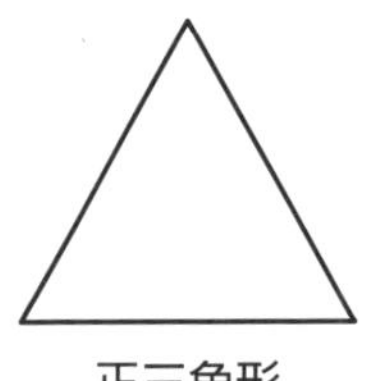

正三角形

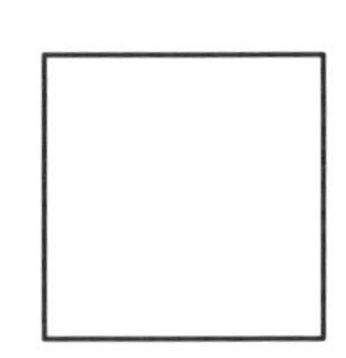

正方形

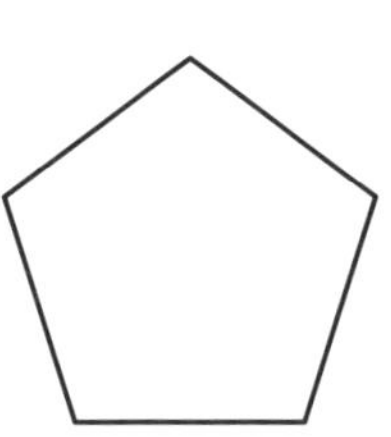

正五角形

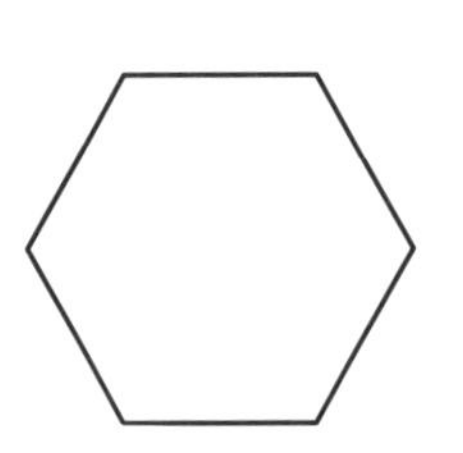

正六角形

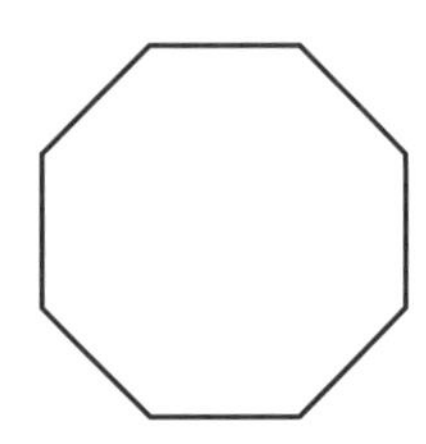

正八角形

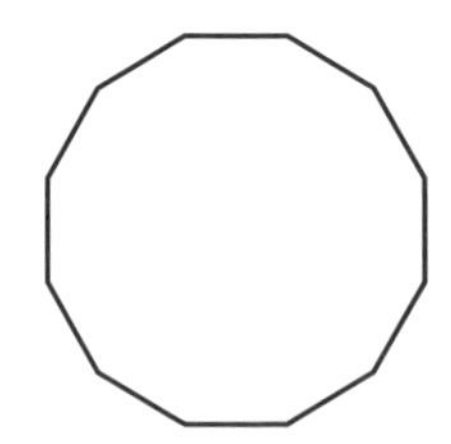

正十二角形

多角形で押さえておきたい「内角の和」「対角線の本数」「外角の和」

ここまでに登場していない正五角形、正六角形、正八角形について説明する前に、多角形について知っておくべきことを整理しておきましょう。

ここで必ず覚えておいてほしいことがあります。**「内角の和」「対角線の本数」「外角の和」の3つ**です。大丈夫そうですか？

公式を使って計算できることはもちろん、どうしてその公式で求められるかを自分で説明できることも大切ですよ。

三角定規を使って、多角形の内角を求める

まずは、多角形の内角の和について。

三角形の内角の和が180°であることを利用して考えます。三角形から頂点を増やしていくことで、四角形、五角形、六角形と変わっていくことをイメージしてください。

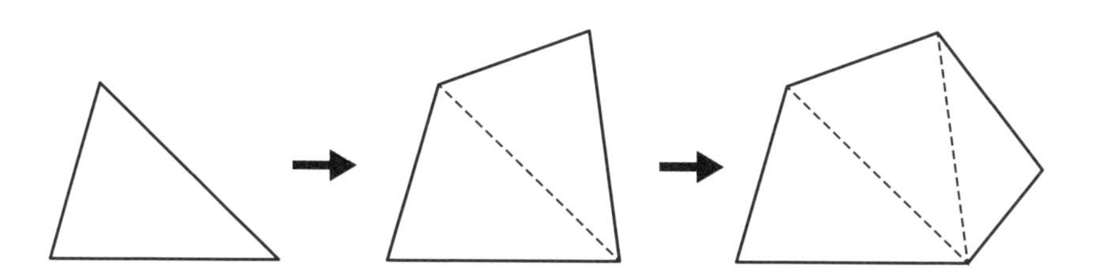

そうすると、三角形の数が1つずつ増えていることが納得できるのではないでしょうか。四角形は三角形2個、五角形は三角形が3個となるわけです。

実際に計算してみると、

四角形の内角の和は、180×2＝360°

五角形の内角の和は、180×3＝540°

となります。

内角の和は、次の式で求めることができます。

N角形の内角の和＝180×（N－2）

対角線は頂点に着目して考える

ここでは、三角形→四角形→五角形と頂点を増やして形を変えていく様子をイメージしましたが、逆に、四角形や五角形を分割する様子をイメージすることもできます。

ある頂点に注目して線を引くと、三角形は0本、四角形は1本、五角形は2本の対角線を引くことができます。

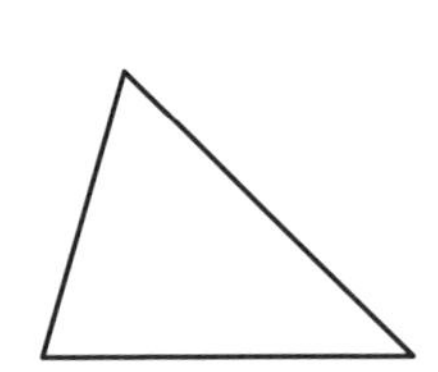

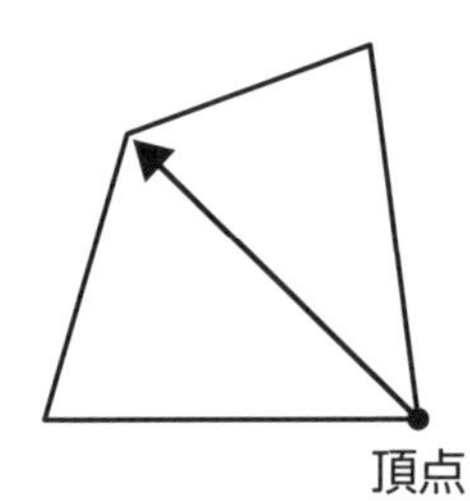

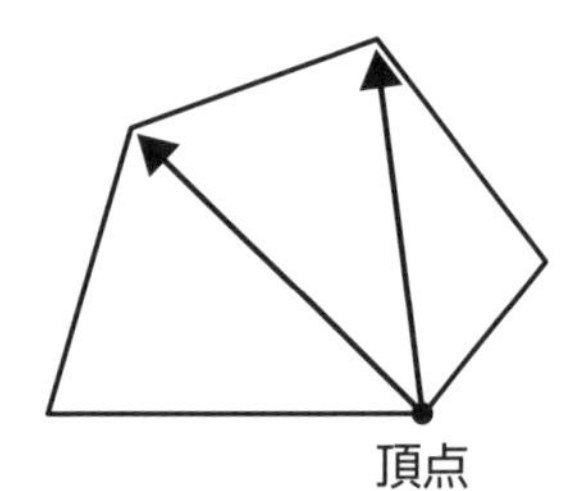

そうすると、四角形は三角形2個、五角形は三角形3個に分かれることがわかります。つまり、**N角形の中の三角形の数を（N－2）で求めることができる**のです。

では、十角形だったら三角形はいくつになるでしょうか？
10－2＝8なので、三角形8個に分かれます。

このことがイメージできていれば、対角線の本数も簡単に求めることができます。N角形のある頂点に注目すると、（N－3）本の対角線を引けることがわかります。

「えっ、どういうこと？」と思うかもしれないので、先ほどの四角形を見てください。

頂点は４つありますが、頂点●から引ける対角線は１本だけ。自分と、となりの点に対角線は引けません。

ですから、頂点の数から、自分ととなりの点の３を引くと対角線の数が求められ、四角形の場合は４－３＝１本となるのです。

「自分の家ととなりの家の人にはビームは出せない」。そう考えると、五角形は、５－３＝２本になります。

では、すべての頂点から対角線を引いた本数を求めるには、N倍すればいいということでしょうか？

実際に五角形でやってみましょう。

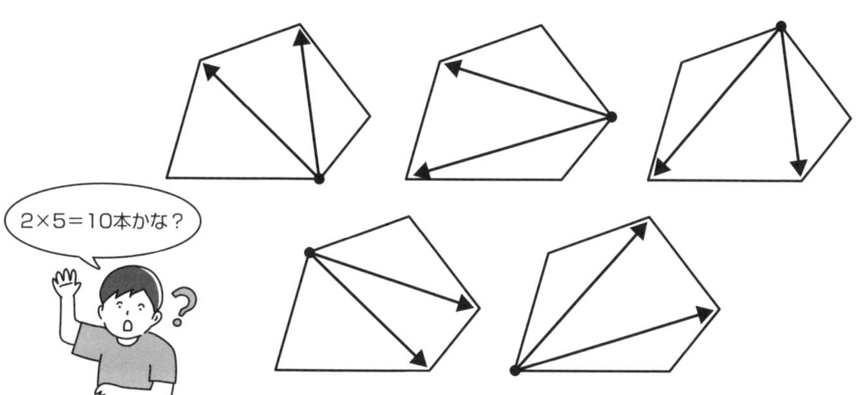

すべての頂点から２本ずつ対角線を引くことができましたが、２×５＝10本ではありません。それでは、すべての対角線を両側から２回ずつ数えることになります。たとえば、右下から左上へのビームと、左上から右下へのビームは同じものなので、２で割ります。五角形の場合、10÷２＝５本としなくてはならないのです。

対角線の本数は、次の式で求められます。

N角形の対角線の本数＝(N－3)×N÷2

式だけ見ると難しく感じるかもしれませんが、考え方がわかっていれば、たとえ公式を覚えていなくても答えを導き出すことができるはずです。

多角形の外角の和は360°

では、最後に外角の和について確認しましょう。

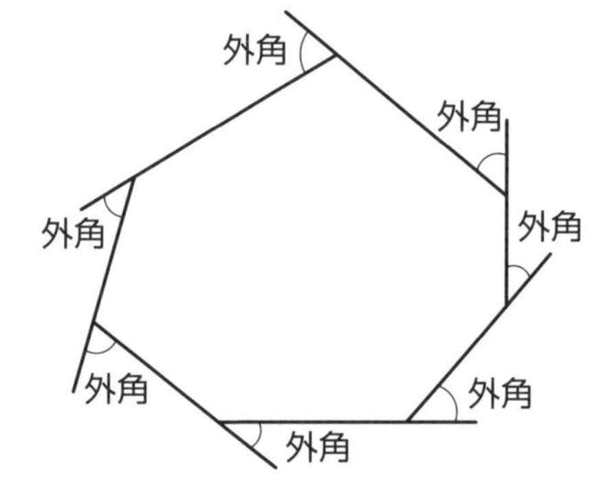

外角とは、辺を外側に延長した時の角度のことです。180°から内角を引いたもの、と言い換(か)えることもできます。

上の図のような七角形の外角の和を考えてみましょう。内角の和は180×(7－2)＝900°と求めることができます。

また、1つの頂点に注目して内角と外角を合わせると180°なので、7つすべての角度を合計すると、180×7＝1260°となります。

よって、1260°から内角の和900°を引くと1260－900＝360°となり、外角の和を求めることができます。

同じように、一般的なN角形で計算してみましょう。

内角の和は、180×(N－2)

内角と外角すべての和は、180×N

この２つを引き算すると外角の和になります。180°が（N－２）個のものと、180°がN個のものを比べると、その差は180°が２個分ということになりますね。

よって、七角形に限らず、多角形の外角の和は360°であるということが言えるのです。

N角形の外角の和＝360°

このように、外角の和を式で整理しておいてもよいのですが、あまり難しく考える必要はありません。外角の和が360°であることは「当たり前」なのです。

先ほどの七角形の形をした道があるとします。想像してください。あなたはその道に沿って自転車をこいでいます。頂点にたどり着くと、新しい進行方向へとハンドルを切って方向転換（てんかん）します。方向転換（てんかん）した角度が、その頂点の外角です。

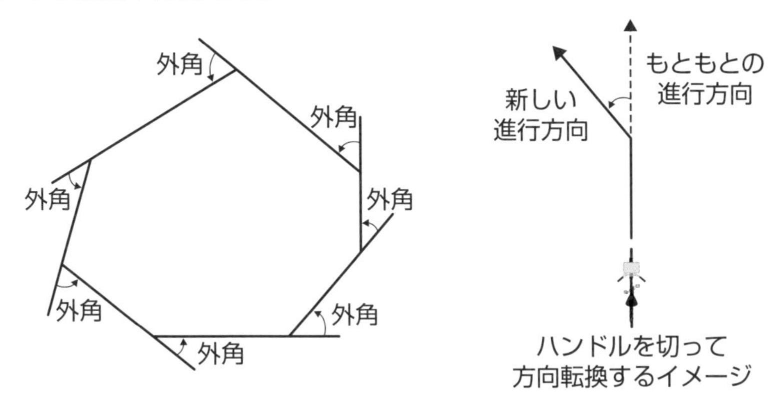

ちょっとずつ方向転換（てんかん）して、１周回ると最初の向きに戻ります。これは、１回転したということに他なりません。

１回転が360°となるように角度を決めていたのですから、このように１回転するような道があれば、それをたどった時に方向転換（てんかん）した部分の合計が360°になるのは「当たり前」というわけです。

正六角形のしくみを知ろう

正六角形は内角が120°、内角の和が720°の正多角形

ここからは正多角形の話をします。まずは、正六角形です。正三角形や正方形と同じくらい、よく出題される重要な図形です。ですから、正五角形よりも先に正六角形からお話ししましょう。

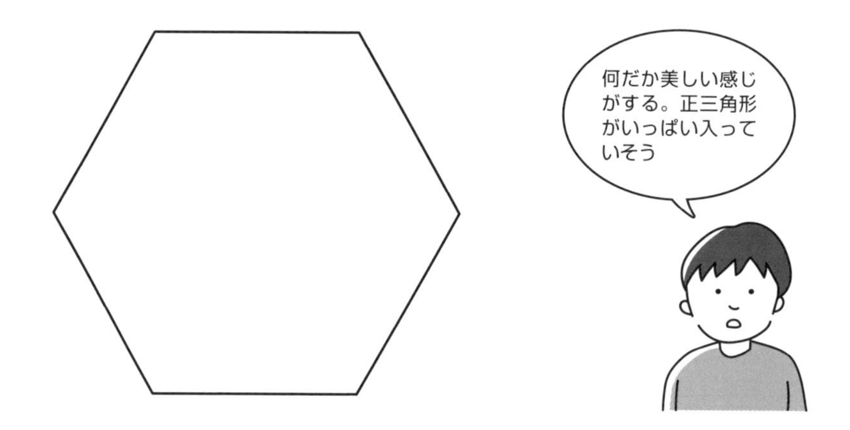

すき間なく並べられる正多角形は３種類

正六角形は、内角の和が180×（６－２）＝720°、１つの内角が720÷６＝120°の図形です。

1つの外角の大きさが360÷６＝60°であることからも、１つの内角を180－60＝120°と求められます。

正六角形は、正三角形や正方形と同じように平面を敷き詰めることができます。「平面を敷き詰める」と言われても、ピンとこないかもしれません。次の図を見てください。

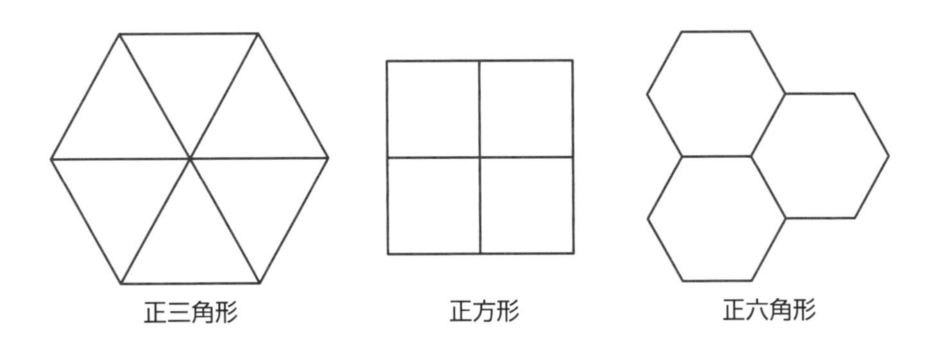

このように、正三角形や正方形や正六角形は、平面上をすき間なくたくさん並べていくことができる図形なのです。

じつは、このような正多角形はこの３つ以外にはありません。なぜでしょうか？

平面を敷き詰められる３つの正多角形の共通点

内角の大きさに注目してみましょう。

正三角形は60°、正方形は90°、正六角形は120°ですね。この３つの数字にはある共通点があります。

ある図形で平面上に多角形をすき間なく並べるには、その図形の頂点が集まってちょうど360°になる必要があります。

たとえば、正三角形なら60°が６つ集まって360°になります。正方形なら90°が４つ集まって360°に。正六角形だと120°が３つ集まって360°になりますね（ハチの巣がまさにそうですね）。

そうすると、１つの内角の大きさは360を割り切ることができる数ということがわかりますね。つまり、**60・90・120の共通点は、「360を割り切れる数」つまり「360の約数」**ということになります。

正六角形を等しく分割する３つの方法

ここでは、正六角形の面積について話をしましょう。

正六角形には、等しい面積に分割する方法がたくさんあります。

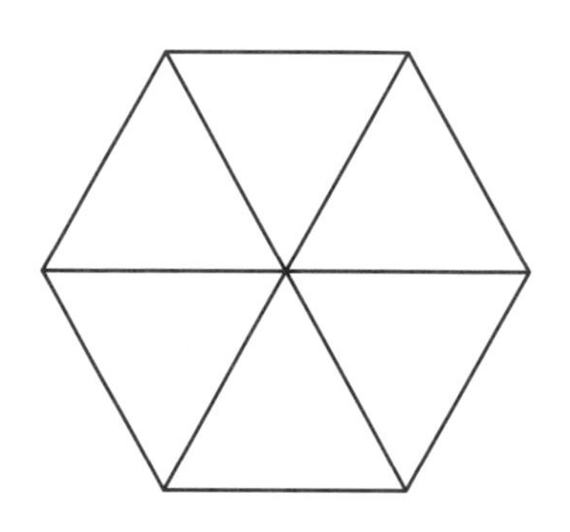

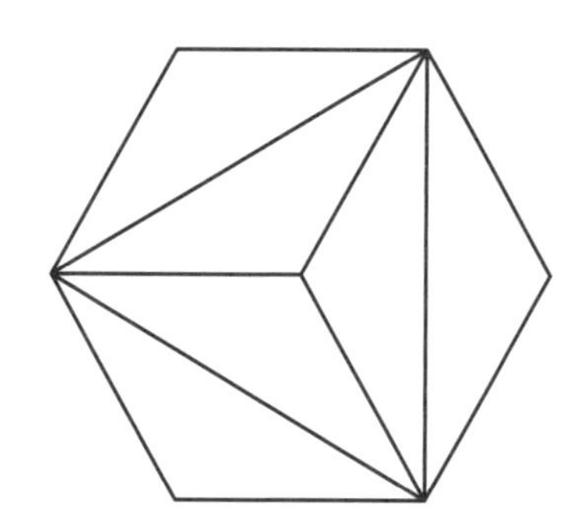

まず、正六角形は、上の図のように合同な正三角形６枚や、二等辺三角形６枚に分けられることを知っておいてください。

合同というのは、形も大きさも等しい図形のことです。

この２種類の三角形を組み合わせて次のように面積を等しく６分割することもできます。

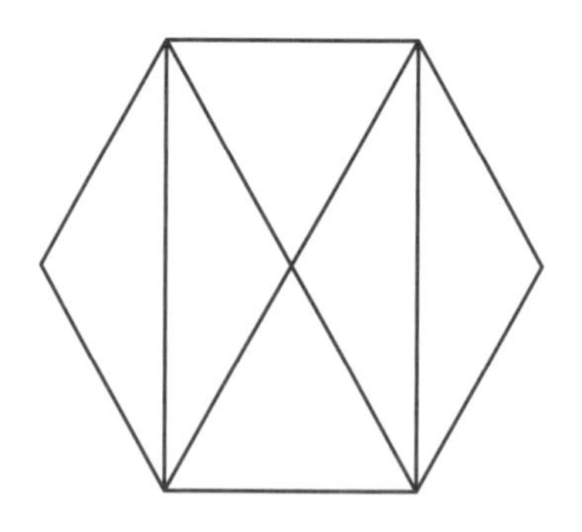

このように、正六角形の面積が６等分されている様子をイメージできていれば、面積を求める問題を一瞬で解けることがあります。

最後の三角形は、形が違う組み合わせですが、面積は等しく６分割されています。

郵便はがき

料金受取人払郵便

新宿局承認

608

差出有効期間
２０２４年９月
30日まで

163-8791

999

（受取人）

日本郵便 新宿郵便局
郵便私書箱第330号

（株）実務教育出版

愛読者係行

<table>
<tr><td>フリガナ
お名前</td><td></td><td>年齢　　歳
性別　男・女</td></tr>
<tr><td>ご住所</td><td colspan="2">〒</td></tr>
<tr><td>電話番号</td><td colspan="2">携帯・自宅・勤務先　　（　　　）</td></tr>
<tr><td>メールアドレス</td><td colspan="2"></td></tr>
<tr><td>ご職業</td><td colspan="2">1. 会社員 2. 経営者 3. 公務員 4. 教員・研究者 5. コンサルタント
6. 学生 7. 主婦 8. 自由業 9. 自営業 10. その他（　　　）</td></tr>
<tr><td>勤務先・学校名</td><td></td><td>所属（役職）または学年</td></tr>
<tr><td colspan="3">今後、この読書カードにご記載いただいたあなたのメールアドレス宛に
実務教育出版からご案内をお送りしてもよろしいでしょうか　はい・いいえ</td></tr>
</table>

毎月抽選で５名の方に「図書カード１０００円」プレゼント！
尚、当選発表は商品の発送をもって代えさせていただきますのでご了承ください。
この読者カードは、当社出版物の企画の参考にさせていただくものであり、その目的以外には使用いたしません。

■愛読者カード

【ご購入いただいた本のタイトルをお書きください】

タイトル

ご愛読ありがとうございます。
今後の出版の参考にさせていただきたいので、ぜひご意見・ご感想をお聞かせください。
なお、ご感想を広告等、書籍の PR に使わせていただく場合がございます（個人情報は除きます）。

……該当する項目を○で囲んでください……

◎本書へのご感想をお聞かせください

・内容について	a. とても良い	b. 良い	c. 普通	d. 良くない
・わかりやすさについて	a. とても良い	b. 良い	c. 普通	d. 良くない
・装幀について	a. とても良い	b. 良い	c. 普通	d. 良くない
・定価について	a. 高い	b. ちょうどいい	c. 安い	
・本の重さについて	a. 重い	b. ちょうどいい	c. 軽い	
・本の大きさについて	a. 大きい	b. ちょうどいい	c. 小さい	

◎本書を購入された決め手は何ですか

a. 著者　b. タイトル　c. 値段　d. 内容　e. その他（　　　　　　）

◎本書へのご感想・改善点をお聞かせください

◎本書をお知りになったきっかけをお聞かせください

a. 新聞広告　b. インターネット　c. 店頭（書店名：　　　　　　）
d. 人からすすめられて　e. 著者の SNS　f. 書評　g. セミナー・研修
h. その他（　　　　　　）

◎本書以外で最近お読みになった本を教えてください

◎今後、どのような本をお読みになりたいですか（著者、テーマなど）

ご協力ありがとうございました。

正五角形の性質を知ろう

正五角形は１つの内角が108°、内角の和が540°の正多角形

正五角形も正方形や正三角形、正六角形ほどではありませんが、よく入試に登場します。

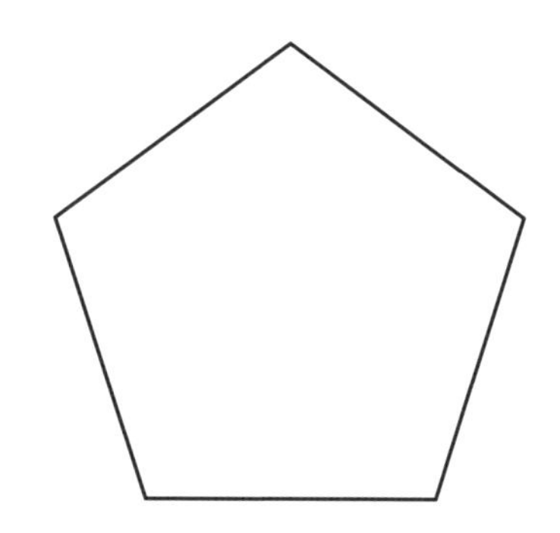

正五角形は、内角の和が180×（５－２）＝540°、１つの内角が540÷５＝108°の図形です。

1つの外角の大きさが360÷５＝72°であることからも、１つの内角を180－72＝108°と求められますね。

ここで登場した、108も72も36の倍数です。この共通点も、問題を解くうえで役に立つので、覚えておきたいところです。

正五角形には相似な三角形がたくさん隠れている

正五角形は対角線を全部で５本引くことができ、５本の対角線を引くと、中に小さな正五角形ができます。

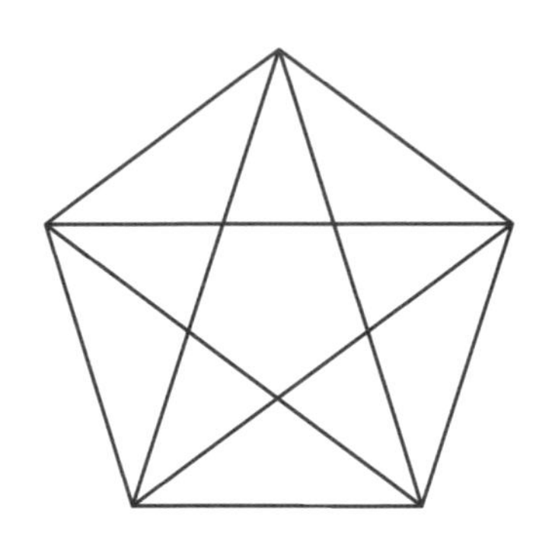

この中には下の図のように、形は同じものの大きさが違う（相似）三角形がたくさん隠れています。

36°・72°・72°の相似な三角形を見つけよう

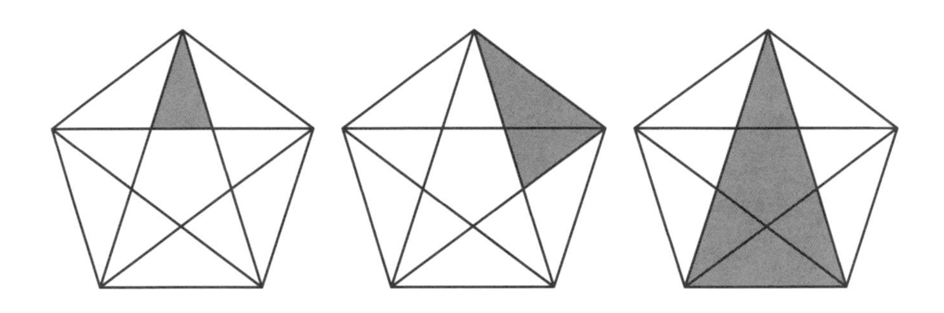

上の図で色がぬってある三角形はすべて、「36°・72°・72°」の二等辺三角形です。左から順に、5個、10個、5個隠れています。この形は、じつは入試でよく出題されるので、覚えておいて損はないでしょう。

36°・36°・108°の相似な三角形を見つけよう

正五角形には、先ほど紹介した例以外にも、相似な三角形が隠れています。

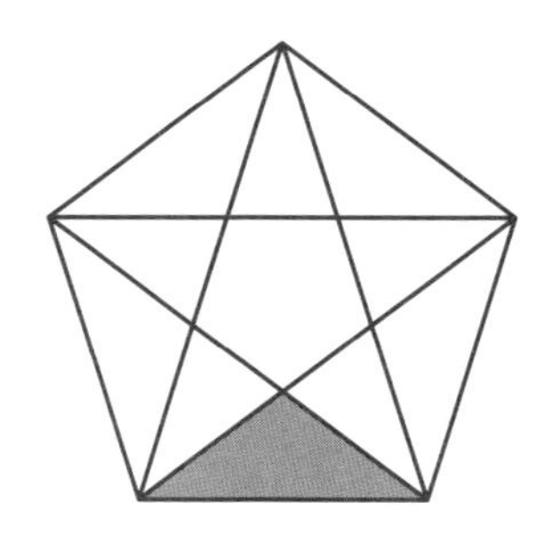
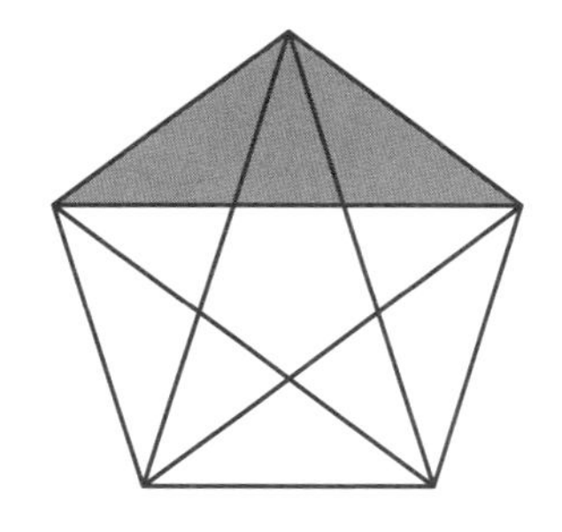

今度は、「36°・36°・108°」の二等辺三角形です。小さいほうは5個、大きいほうは10個もこの中にあるのです。10個全部見つけられるか数えてみましょう。

小さいほうと大きいほうの5個は、それぞれすぐに見つかったのではないでしょうか。大きいほうの10個は少し難しいかもしれませんが、すぐ先を読まずに少しねばって考えてみてください。

さて、見つかりましたか？
大きいほうの10個は次の通りです。

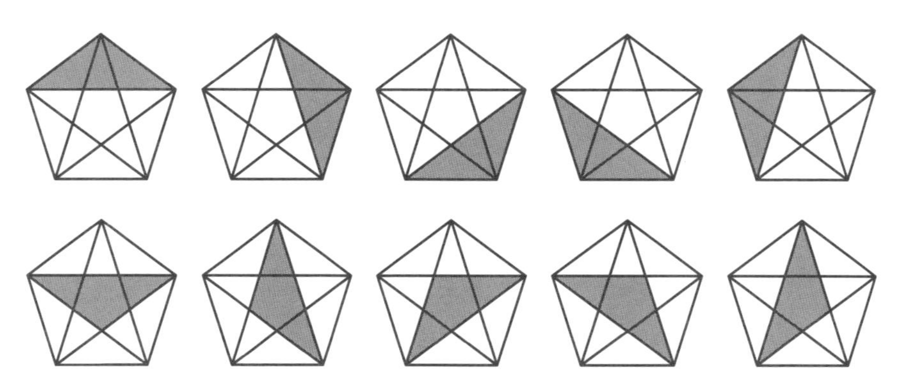

このように、**正五角形は「36°・72°・72°」の二等辺三角形と「36°・36°・108°」の二等辺三角形を組み合わせてできています。** しっかり覚えておきましょう。

正八角形も理解しておこう

正八角形は内角が135°、内角の和が1080°の正多角形

正八角形は、他の図形と比べるとそこまで重要ではありませんが、知識として知っておきましょう。

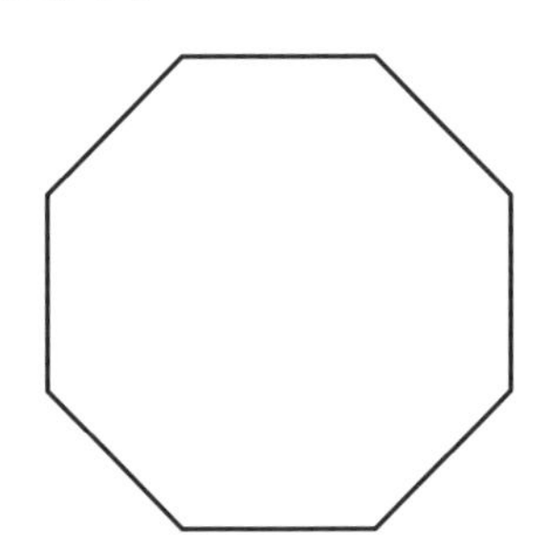

正八角形は、内角の和が180×（８－２）＝1080°、１つの内角が1080÷８＝135°の図形です。

1つの外角の大きさが360÷８＝45°であることからも、１つの内角を180－45＝135°と求められます。

正八角形にはチョニサンと正方形が隠れている

先ほど、正六角形の中に正三角形が集まっていると気づいたと思いますが、今度は何が見えますか？

45°や135°ということは、正方形や直角二等辺三角形と関係ありそうですね。正八角形は向かい合う辺が平行になっていて、次の図のように対角線を４本引くと、中に正方形をつくることができます。

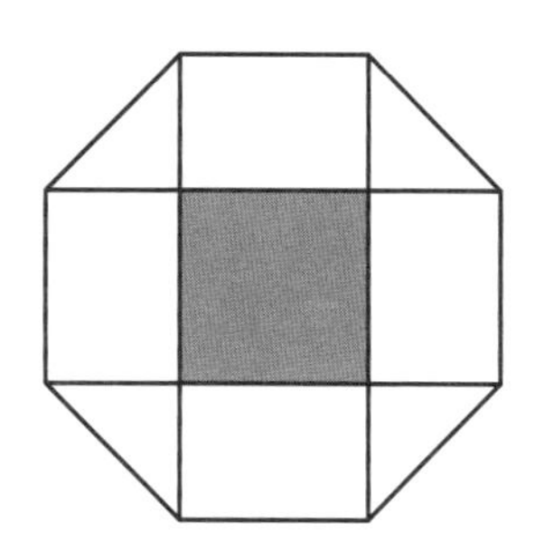

この図形には、中にできた正方形の面積と同じ面積になる部分があります。どこのことかわかりますか？

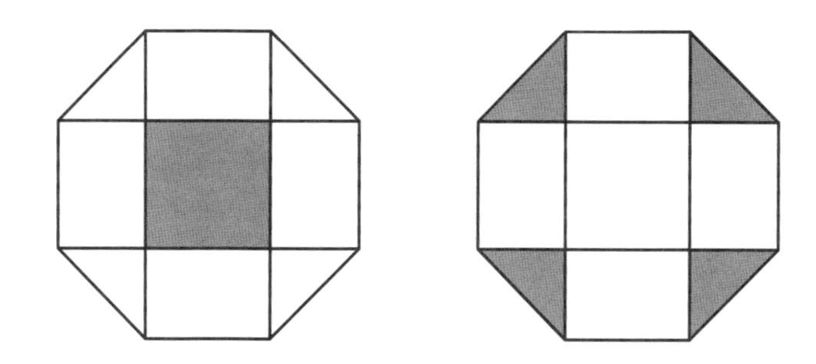

内側にある正方形の面積と、外側にある直角二等辺三角形４つの面積の和は等しくなっています。次のように補助線を引くと、同じ形が見えますよね？

印をつけた辺がどれも同じ長さになっているので、色をつけた直角二等辺三角形はすべて同じ大きさです。

3章のまとめ

- N角形の対角線の本数は(N－3)×N÷2
- N角形の内角の和は180×(N－2)
- N角形の外角の和は360°
- 正三角形、正方形、正六角形は平面を敷(し)き詰(つ)められる

平面を敷き詰められる正多角形

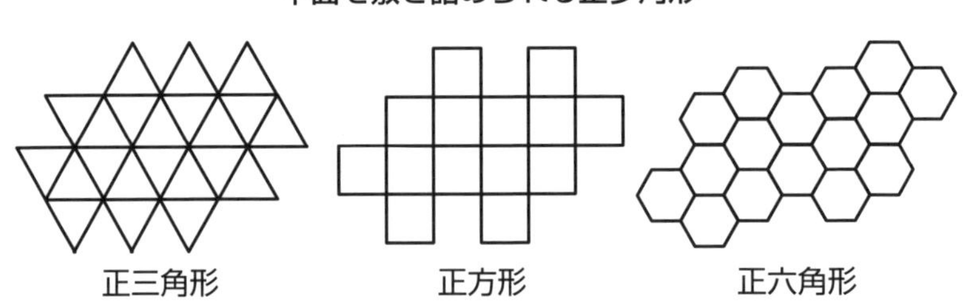

- 正五角形は、2種類の二等辺三角形でできている
- 正六角形は、1種類の正三角形でできている
- 正六角形は、1種類の二等辺三角形でできている
- 正六角形は、正三角形と二等辺三角形の組み合わせでできている
- 正八角形は、1種類の直角二等辺三角形と長方形でできている

正多角形の分割

正五角形

正六角形

正六角形

正六角形

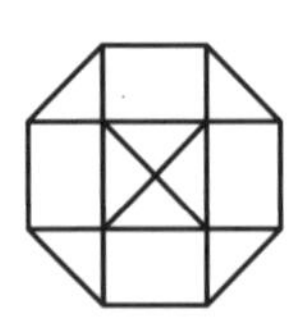
正八角形

入試問題に挑戦 7

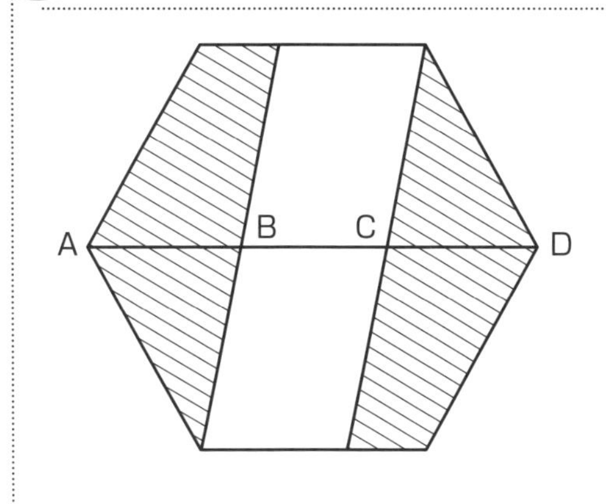

左の図のような、面積が6㎠の正六角形があって、AB＝BC＝CDです。斜線部分の面積を求めなさい。ただし、A、B、C、Dは一直線上です。

（ラ・サール中）

解説

対称性より、片方の斜線部分を求めて、2倍すれば斜線部の面積を求めることができます。

次の図のように2つに分けて考えましょう。

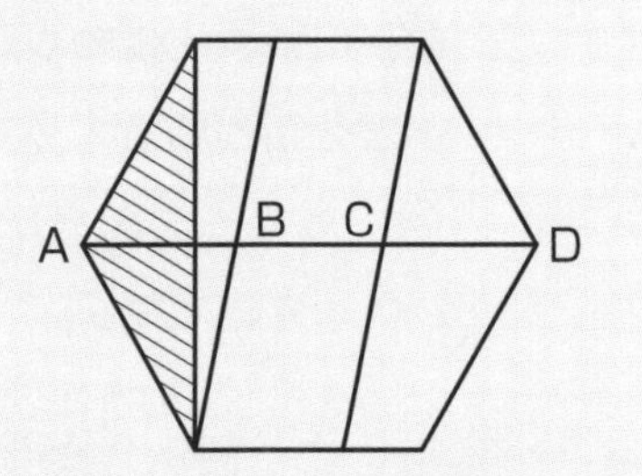

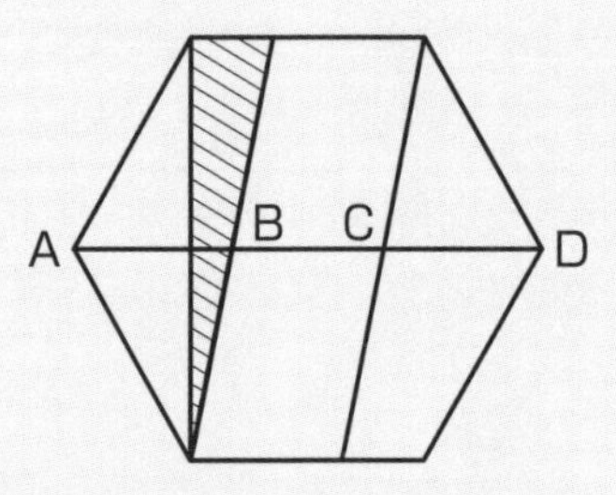

斜線部の左側は、正六角形を6等分した形なので、6÷6＝1㎠

ADの長さを仮に12分割して考えると、

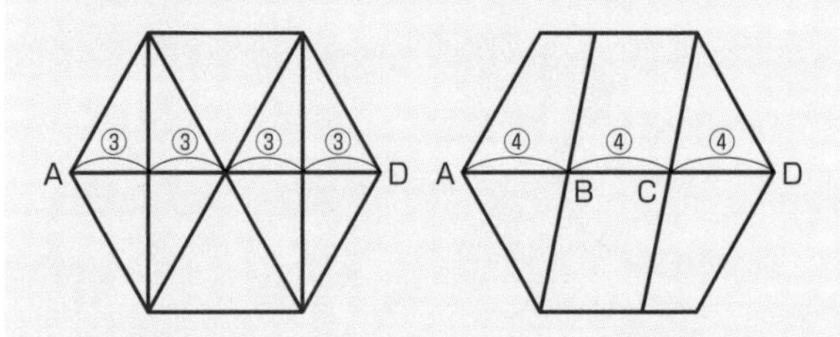

上図のように、4等分、3等分されていることから、ABの長さが③と①に分けられることがわかります。

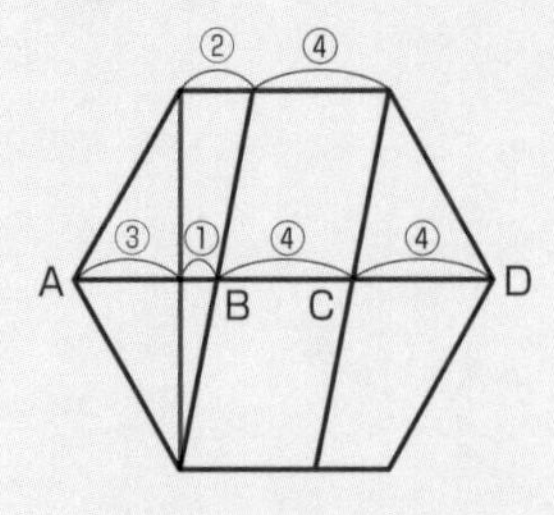

左図のように、斜線部の左側の三角形のもっとも長い辺を底辺とした時、高さの比が3：2であることから面積の比も3：2となるので、斜線部の右側の面積は、

$1\times\frac{2}{3}=\frac{2}{3}$㎠となります。

よって、求める面積は、

$(1+\frac{2}{3})\times 2=\frac{10}{3}=3\frac{1}{3}$㎠

3 正多角形の特徴をつかむ

右の図の正五角形ABCDEにおいて、三角形ABFをX、三角形AFGをYとします。次の（ア）～（カ）にあてはまる整数を答えなさい。

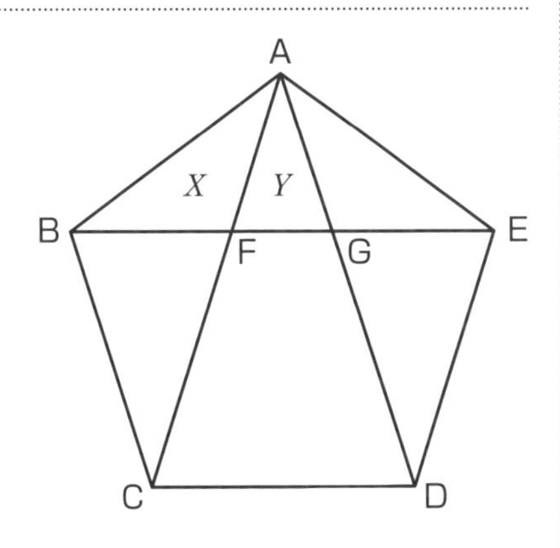

（1）正五角形ABCDEの面積は、X（ア）個と、Y（イ）個をあわせた図形の面積と等しい。

（2）FGを１辺とする正五角形の面積は、X（ウ）個から、Y（エ）個を除いた図形の面積と等しい。

（3）BFを１辺とする正五角形の面積は、X（オ）個と、Y（カ）個をあわせた図形の面積と等しい。

（早稲田中）

解説

(1)三角形ABEはX2個とY1個を合わせた図形で、ここでは「XXY」と書くことにしましょう。

正五角形は、次のように、三角形ABEを3つと、三角形BCFを1つで表すことができます。

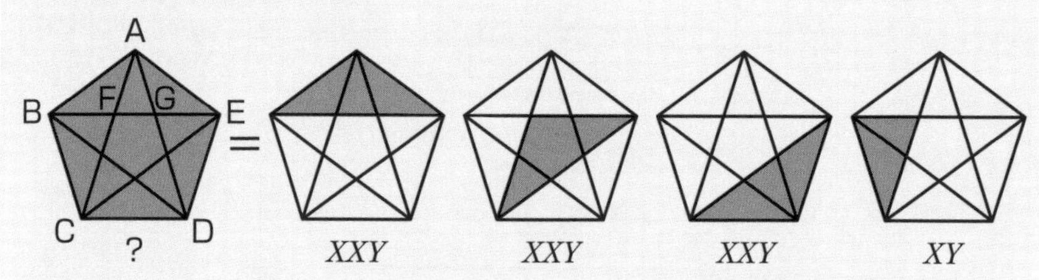

よって、(ア)X7個と(イ)Y4個を合わせた図形の面積と等しいと言えます。

(2)次の図のように、求める部分の面積はXXYからYYを引けば求められます。

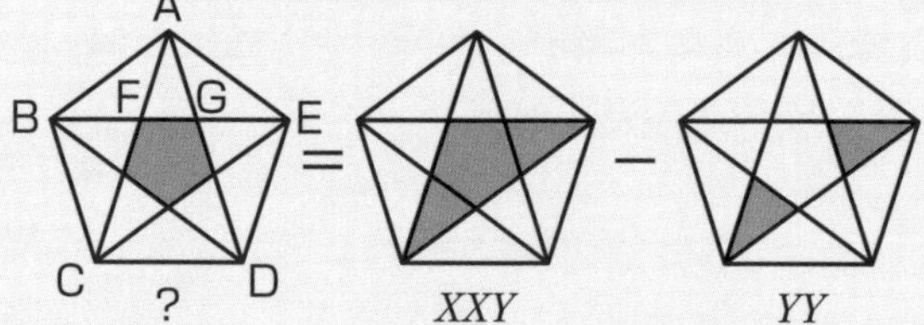

以上のことから、(ウ)X2個から(エ)Y1個を除いた図形の面積と等しいことがわかります。

(3)BFを1辺とする正五角形を描くと、(1)と同じように、4つの三角形に分けて考えることができます。

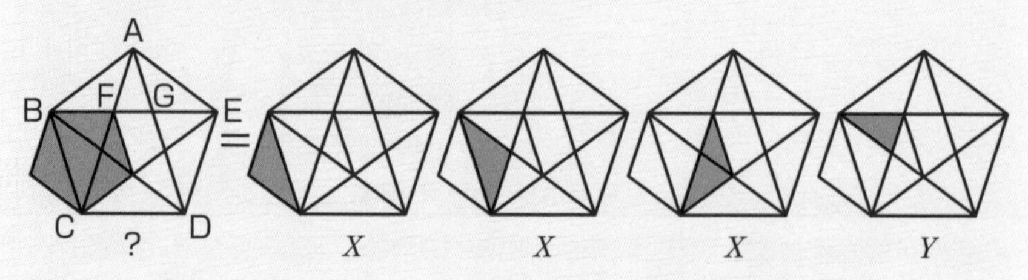

よって、(オ)X3個と(カ)Y1個を合わせた図形の面積と等しいと言えます。

入試問題に挑戦９

正八角形を図のように、２つの図形に分けました。この２つの図形の大きい方と小さい方の面積の比を最も簡単な整数の比で答えなさい。

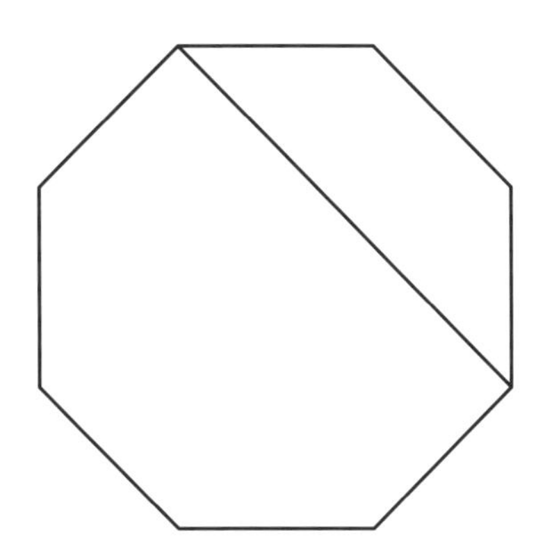

（洗足学園中）

解説

次の図のように正八角形を分割すると、正八角形を２種類の図形で表すことができます。

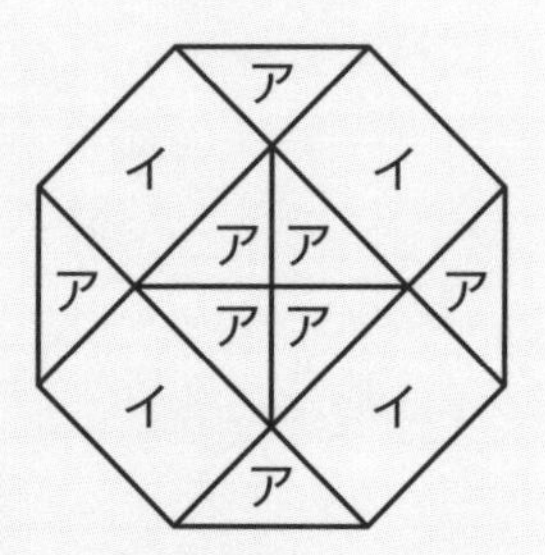

図のように、直角二等辺三角形をア、長方形をイとします。
大きいほうは、アが６個とイが３個でできていて、

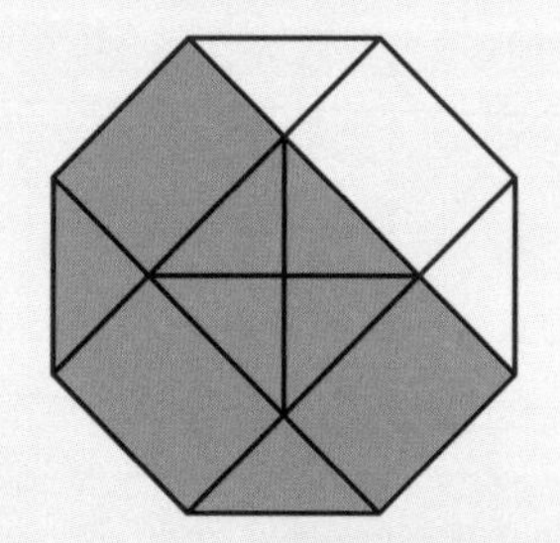

小さいほうは、アが２個とイが１個でできています。

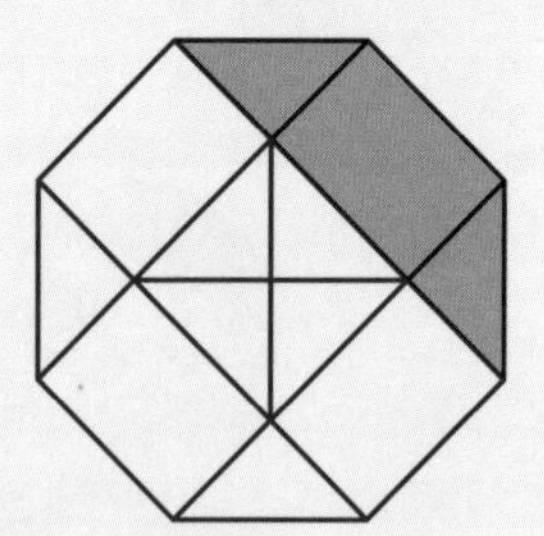

ここからわかるのは、アの個数もイの個数も大きいほうが小さいほうの３倍となっていることです。よって、大きいほうと小さいほうの面積の比は、３：１となります。

いかがでしたか？　正多角形を分割する時も、美しい形に分けられるかどうかがポイントですね。

第4章

円の命は中心にある

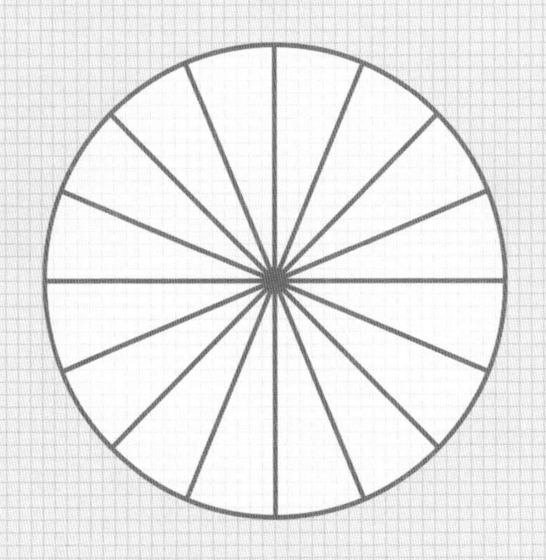

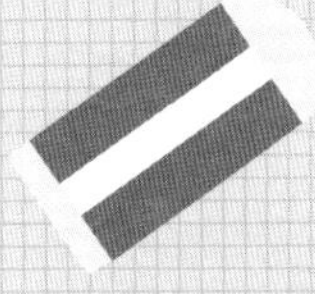

円の補助線は中心を意識しよう

まなぶ君、私はピザが好きでよく注文するんです。でも、同じ大きさに切るのが大変なんですよね。
同じ大きさに4等分するにはどうしたらいいかわかりますか？

先生、ピザが好きなんですね…。4等分するには、まず縦に切って、横に切ったら4つになりますよ。

いいですね。では、この紙をピザだと思ってやってみてください。

あれ、大きさがそろわないなぁ…。

縦と横に切り分けるというのはとてもいいのですが、大きさを同じにするためにはもっと意識するポイントがあるんです。

真ん中を通るようにとは思ったんだけど、うまくいかなかったなぁ。

では、もう一度この円に線を引いてみましょう。

真ん中を通るように…う〜ん…うまく線を引く自信がないです。

では、次のことを意識してみてください。「このピザの中心がここかな」とわかったら、そこを通ることだけを考えてまっすぐに線を引いてみてください。

わかりました。中心をとにかく見て…できた！

次は横ですね。これも中心を通ることだけを考えてみましょう。

あっ、今度はうまく4つに分けられました。ほとんど同じ形です。ポイントは中心ということなのか！

そうです。「円の命は中心」です。そもそも円は中心があるから存在するのです。

じゃあ、円の問題で補助線を引く時には、中心を意識するといいのかな。

その通り！ 絶対ではありませんが、そういう考え方を知っておくことは重要ですよ。補助線というのは、ただ引けばよいというものではありません。
手を動かして考えることは大事ですが、むやみやたらに引いて、ぐちゃぐちゃになってしまうのもよくありません。
人生と同じです。だいたい、答えが見えないような世の中で、公式をあてはめたらいいなんてことはないのです。どうやってシンプルに美しく…。

ふぁ～あ。ピザのことを考えていたら、なんだかお腹がすいてきちゃった…。

円周率を知ろう

円は、ある点から等しい距離にある点の集合

円の問題を解く時にもっとも大切なことは、適切な補助線を引けるようになることです。そして、それは簡単にできます。

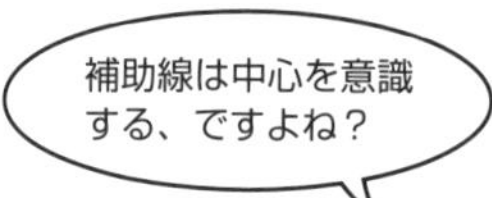

まず、円とはどんな図形か説明できるようになりましょう。「円って何？」って言われると、なかなか説明しづらいのではないでしょうか。

「丸」や「真ん丸」といった単語だけでは、どんな図形かを説明したことになりません。コンパスを使って円を描く様子をイメージしてみるとよいでしょう。

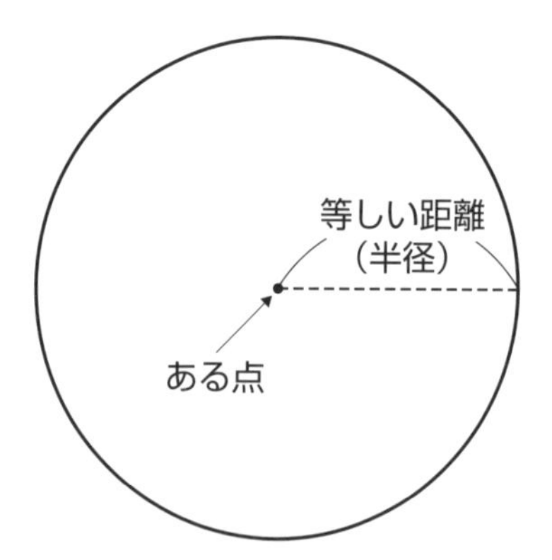

円とは、「ある点から等しい距離にある点の集合」のことです。「ある点」のことを円の「中心」と言い、「等しい距離」のことを円の「半径」と言います。

半径が等しいということは、円やおうぎ形の問題を考えていくうえでとても大切な要素となります。半径が等しいなんて当たり前と思うかもしれませんが、難しい問題ほど、大事になってきます。

円周率は、「円周が直径の何倍なのか」を表したもの

続いて、円周率について確認しておきましょう。

中学入試では円周率が「3.14」とだけ教えられることが多いのですが、厳密に言えば、「円周率＝3.14」ではありません。

本来の言葉の意味をしっかりと理解しておくことは大切です。次のように、「円周率とは何か？」を問う問題が出題されたこともあるくらいです。

例題7

円周率とは［　　　］が［　　　］の何倍になっているかを表す数です。

（女子学院中）

円周率は「**円周**が**直径**の何倍になっているか」を表したものです。「直径に対する円周の割合」と言い換（か）えることもできます。

円周率を計算すると、「3.14159265358979…」とどこまでも続いていきます。よく算数好きな子が「円周率をずっと言える！」と自慢したりしますよね。

この数の小数第三位を四捨五入して、およその数にしたものが「3.14」なのです。

問題によって、円周率が「3」や「3.1」や「$\frac{22}{7}$」となることもあるので、注意して問題文を読む必要があります。

「3.14」と「π」と「PIE」

ちなみに中学校では小数ではなく「π（パイ）」という記号で表します。3.14を使って計算すると、計算の桁数が多くなりがちなので、中学校のほうがラクに思えるかもしれませんね。

ちなみに、πはアップルパイなどのPIE（パイ）と発音が同じです。そして3.14。何か共通点に気づきませんか？

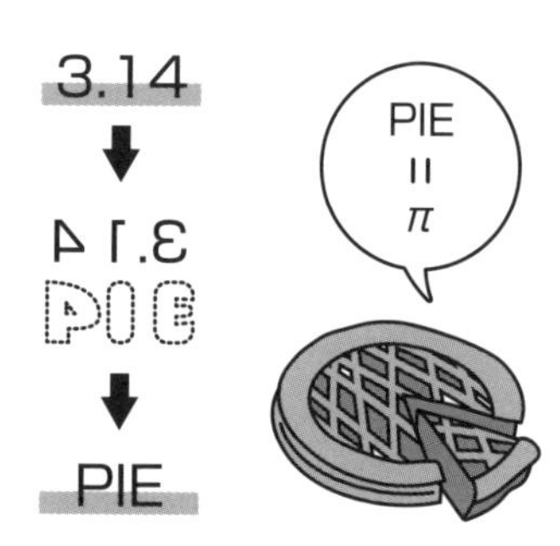

3.14を裏返してみると…PIEに見えてきますよね。アップルパイも丸い形をしていますよね。π、3.14、PIE。意外な共通点があると思いませんか。

円周率（3.14）のかけ算を覚えておこう

3.14を使った計算は、頻繁に出題されます。1桁の数とのかけ算を九九と同じように覚えておくと、大きな数と3.14をかけ算する時にも便利です。

3.14×2	6.28
3.14×3	9.42
3.14×4	12.56
3.14×5	15.7
3.14×6	18.84
3.14×7	21.98
3.14×8	25.12
3.14×9	28.26

２桁の数についても、２倍ごとに整理して覚えておくとよいでしょう。3.14×６＝18.84を２倍ずつ増やしていくと次のようになります。

3.14×6	18.84
3.14×12	37.68
3.14×24	75.36
3.14×48	150.72
3.14×96	301.44

また、3.14×８＝25.12を２倍ずつ増やしたものは、以下の通りです。これらもよく登場します。

3.14×8	25.12
3.14×16	50.24
3.14×32	100.48
3.14×64	200.96

これらをすぐ答えられるようになれば、計算がかなりラクになり、計算ミスにも気づきやすくなります。
「こんなものを覚えるのは邪道だ。きちんと計算すればいい」という人もいるかもしれません。

でも、限られた時間でどれだけ正解できるかが問われる中学受験では、重要な数字を覚えておくことも大切です。何度も自力で計算したうえで、答えを頭に入れておいてくださいね。

円とおうぎ形の面積を理解しよう

円の面積は「半径×半径×3.14」と「円周×半径÷２」

円周率の意味がわかれば、円周の長さが「直径×円周率」で求められることはすぐわかります。ここでは円周率を3.14とします。

直径×3.14＝**円周の長さ**

「円の面積＝半径×半径×3.14」の理由は？

では、円の面積はどうやって求めればよいのでしょう？

もちろん、公式を覚えて実際に計算できることも必要ですが、それ以上に、どうしてその公式で面積が求められるかを説明できることが重要なのです。

面積は、１辺の長さが１の正方形の面積を１とした時に、その何倍なのかと考えて計算します。とは言え、円には曲線があるので、正方形と比べるのは難しそうに見えますね。そこで、円の形を変えて考える必要があります。

海城中学校では、円の面積を求める公式について説明させる問題が出題されたことがあります。

例題８

円の面積を求めるために、円を何等分かしたおうぎ形に切り分け、たがいちがいに並べてできる図形を考えます。例えば、下の図は円を８等分したおうぎ形をたがいちがいに並べたものです。次の問いに答えなさい。

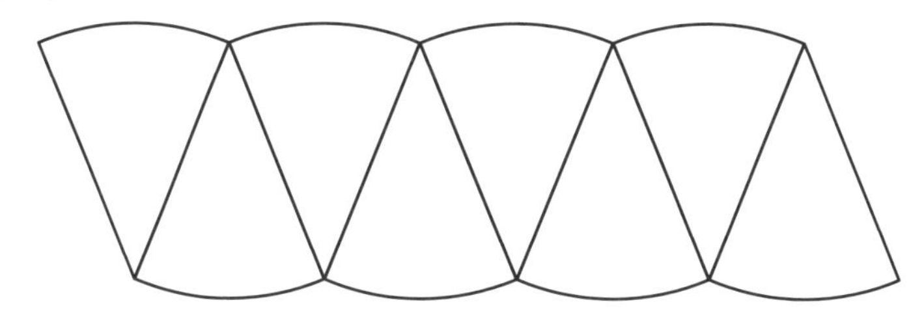

(1) 切り分けるおうぎ形の個数を増やしていくと、おうぎ形をたがいちがいに並べてできる図形は、どのような図形に近づいていきますか。

(2) (1)を利用して、円の面積は、(円周の長さ)×(半径)÷２になることを説明しなさい。

（海城中）

この問題にもあるように、「半径×半径×3.14」よりも、まずは「円周×半径÷２」ということを理解してほしいのです。少し難しく感じるかもしれませんが、本質を知ってほしいので、じっくり説明していきます。

円を長方形にして考える

円のままではうまく計算できないので、求めることができる図形になるよう、形を変える必要があります。

形の変え方はいろいろとあるのですが、ここでは代表的な２つを紹介します。

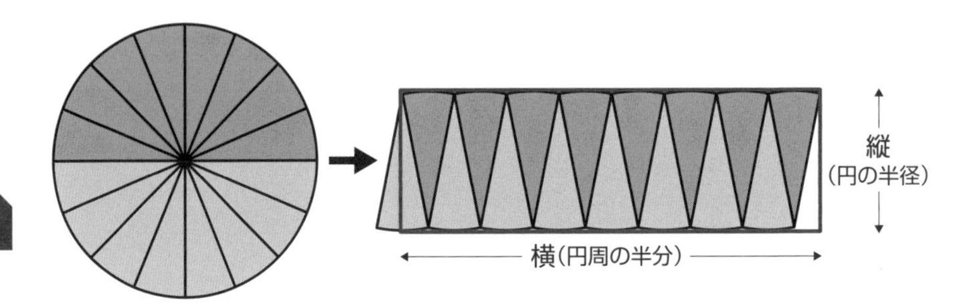

上の図のように形を変えると**長方形**をつくることができます。円を小さく切り分けたおうぎ形を交互に入れていくようなイメージです。

こう展開すると、**長方形の縦の長さは円の「半径」です。そして、長方形の横の長さは「円周の半分」になっています。**なぜ半分かと言うと、交互に並べているからです。

つまり、「半径×円周の半分」を計算すると、面積を求めることができます。

円を三角形にして考える

もう１つの方法がこちらです。

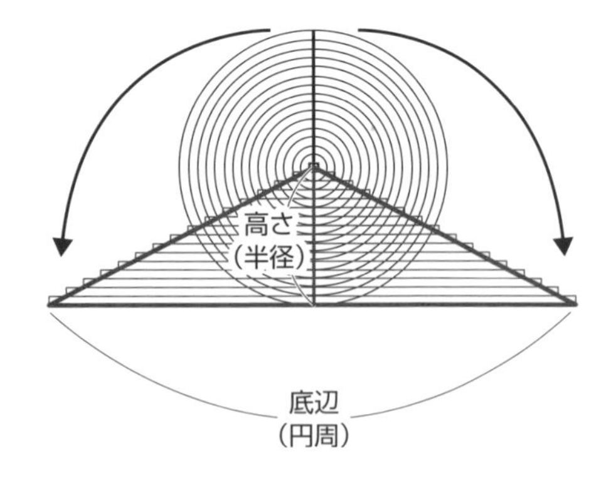

「前の図のことも、まだよくわからない…」という場合には、この説明は飛ばしても大丈夫です。

図のように形を変えると三角形をつくることができます。三角形の底辺が「円周」です。

そして、三角形の高さが「半径」になっています。つまり、三角形の面積の公式「底辺×高さ÷２」にあてはめて、「円周×半径÷２」の計算をすると円の面積が求められます。

中心と結ぶ補助線を引こう

円の中心を正しく見つけよう

ここまでの説明をふまえ、補助線の話に入っていきましょう。

次の問題を見てください。

例題9

図のように直径が12㎝の半円があります。色のついた部分の面積を求めなさい（※円周率は3.14とする）。

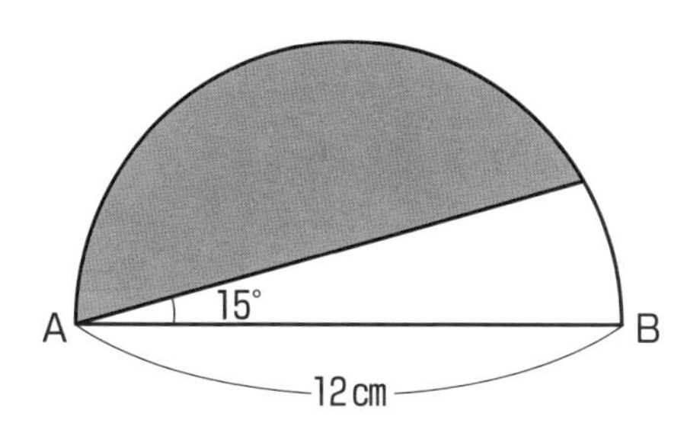

これは、毎年のように中学入試で出題される問題です。円やおうぎ形のことを正しく理解できているか確認できる良問と言えます。2020年にはフェリス女学院でも同じような問題が出題されていました。

このような問題形式で出題されるのがもっとも間違いやすいのです。

少し計算が大変かもしれませんが、続きを読む前に自分で一度答えを出してみてください。ここまで学んだ内容で解くことができる問題です。

まずは、よくある間違いを紹介してみましょう。

〈よくある誤答〉

全体の半円の面積は、

$$6\times6\times3.14\times\frac{180}{360}=56.52\text{cm}^2$$

白い部分の面積は、

$$12\times12\times3.14\times\frac{15}{360}=18.84\text{cm}^2$$

色のついた部分の面積は、

$56.52-18.84=$ **37.68㎠**

どこが間違っているかわかりましたか？

全体の面積から白い部分の面積を引くという発想で解くことはできます。半円の面積が56.52㎠というのは正しいのですが、白い部分の面積は18.84㎠ではありません。

白い部分が「半径12㎝、中心角15°のおうぎ形」というとらえ方が間違っているのです。

それでは、問題の白い部分に注目してみましょう。

この図形はおうぎ形ではありません。なぜなら、この図形の弧BCの中心はAではないからです。

中心の点から三角定規を見つける

では、弧BCの中心はどこでしょう。それは全体の半円の中心と同じ場所です。つまり、辺ABの真ん中の点です（O）。その中心とCを結ぶ線を引くと次のようになります。

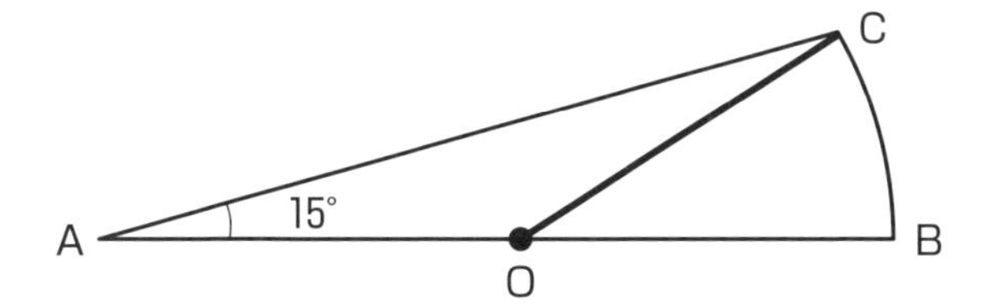

このように、白い部分は三角形とおうぎ形を組み合わせた図形だったのです。半径が等しいことから、三角形OACはただの三角形ではなく二等辺三角形であることもわかります。

角度や長さを書き込んでおきましょう。

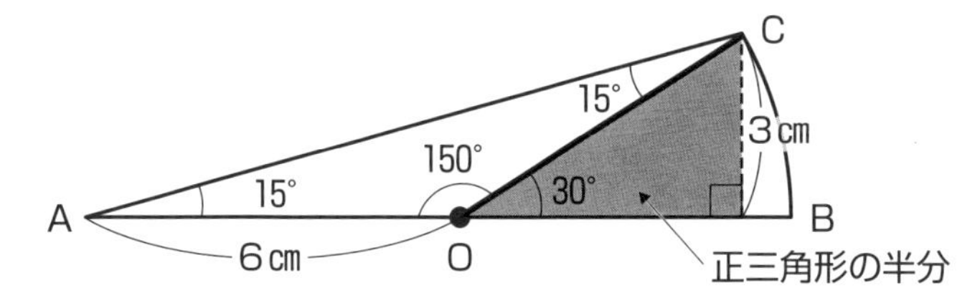

150°の外角が30°なので、正三角形の半分の形が隠れています。OA＝OC＝6cmより、OAを底辺とした時の高さは、30°・60°・90°の直角三角形の長さの比が2：1であることから、3cmになります。

これで、中心角が150°のおうぎ形OACから三角形OACの面積を引いて、答えを求めることができます。

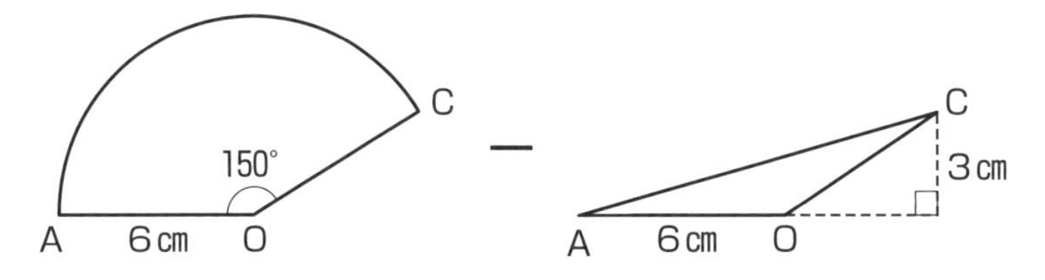

おうぎ形OACの面積は、$6 \times 6 \times 3.14 \times \frac{150}{360} = 47.1$㎠

三角形OACの面積は$6 \times 3 \div 2 = 9$㎠

求める面積は、47.1−9＝**38.1㎠**

4章のまとめ

- 円周率とは、円周の長さが直径の長さの何倍かを表したもので、3.14159265358979…とどこまでも続く小数になる。円周率の小数第三位を四捨五入すると3.14になる
- 円周の長さは、直径×円周率(3.14)
- 円の面積は、半径×半径×円周率(3.14)。もしくは、円周の長さ×半径÷2
- 円やおうぎ形の問題では、中心と結ぶように補助線を引くことが大切

入試問題に挑戦 10

半径が3cmの円の周上に点Aがあります。点Aを中心として、この円を30°回転させてできる円が図のようにあります。斜線部（しゃせん）の面積を求めなさい。

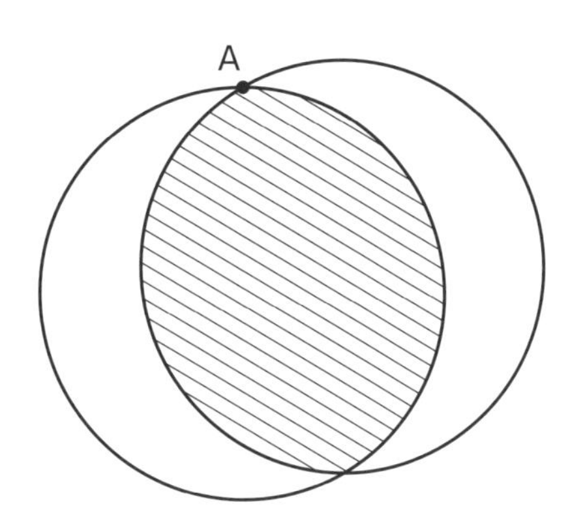

（麻布中）

必要な補助線を引けば、
わかったも同然ですね

まずは、中心と結ぶ補助線を引きます。
30°回転したことから中心角が150°だとわかります。

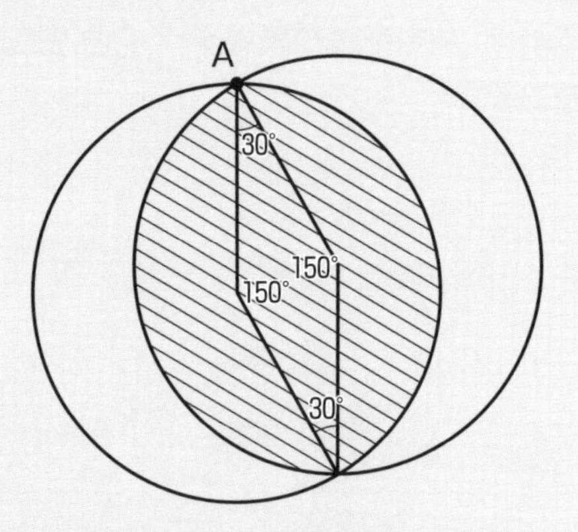

中心角が150°のおうぎ形２つ分の面積は、

$$3 \times 3 \times 3.14 \times \frac{150}{360} \times 2 = \frac{15}{2} \times 3.14 = 23.55\text{cm}^2$$

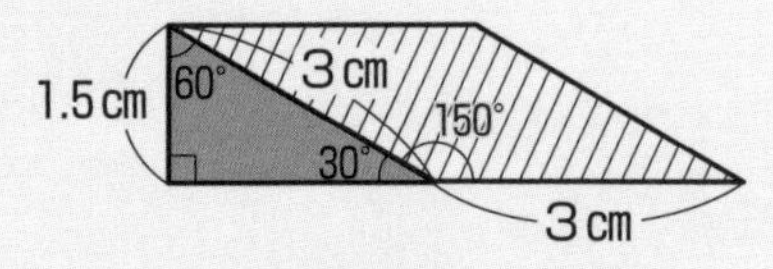

重なっている部分を底辺が３cmの平行四辺形と考えると、高さは３÷２＝1.5cmとなります。その面積は、

$3 \times 1.5 = 4.5\text{cm}^2$

よって、求める面積は、

$23.55 - 4.5 = 19.05\text{cm}^2$ になります。

白い部分も含めた面積を問われることもあれば、白い部分だけの面積を問われることもあります。

典型的な入試問題なので、たくさん解いて慣れておきましょう。

入試問題に挑戦11

図において、角㋒の大きさは［エ］度です。

・●は、半円上の点
・「あ」と「い」の面積は等しい
・○は、半円の中心

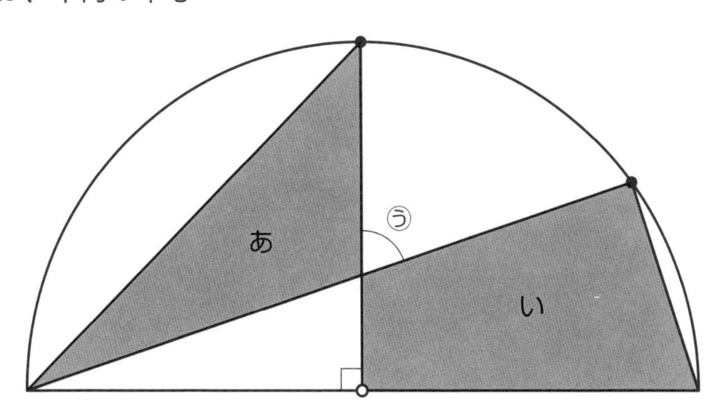

（洛南高等学校附属中）

まず、「あ」と「い」の面積が等しいことから、「あ＋☆」(A)と「い＋☆」(B)の面積が等しいことがわかります。

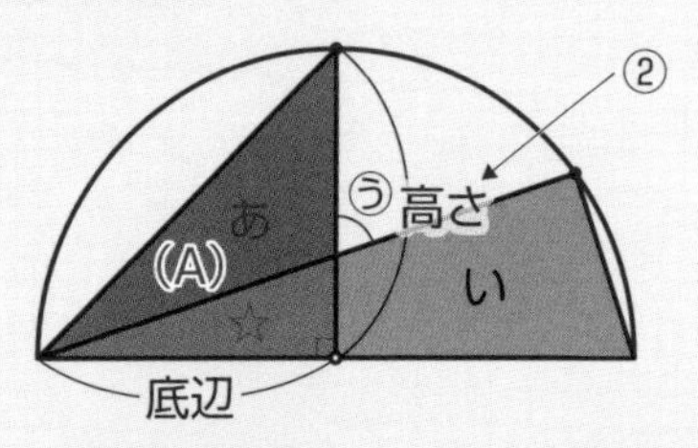

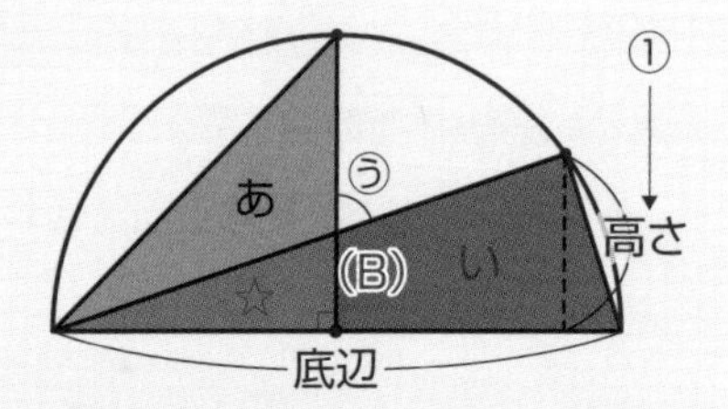

(A)の底辺が半径で、(B)の底辺が直径だと考えると、(B)の底辺が(A)の底辺の２倍になっていることから、(B)の高さが(A)の高さの半分になっていることがわかります。

ここで、下の左図のように中心と結ぶ補助線を引きます。

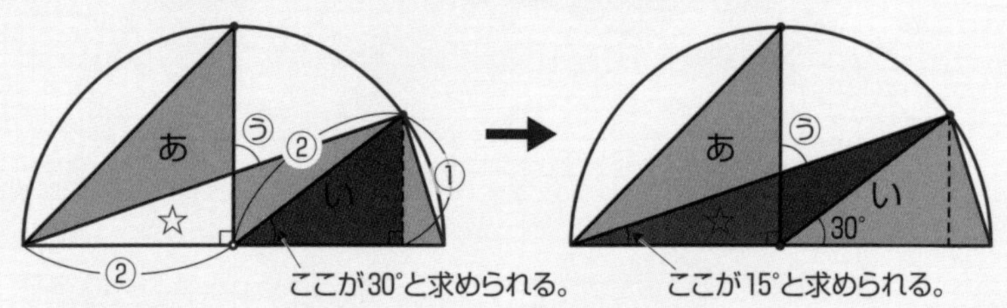

そうすると、新たに色をつけた部分の辺の比は２：１となり、「正三角形の半分」の形(30°・60°・90°の直角三角形)になっていることから、角度が30°とわかります。
あとは簡単です。左側の二等辺三角形は、１つの角が180－30＝150°となります。そのため、残りの角は２で割った15°となり、15°・15°・150°の三角形であることがわかります。
対頂角の角度は等しくなるため、☆の三角形の角度から㋒を求めることができます。
よって、180－(15＋90)＝75°とわかります。

次の問題は、実際の入試では直前までの問題がヒントになる形で出題されていました。ここでは、単独の問題として挑戦してみてください。

入試問題に挑戦 12

中心角90°、半径30㎝の扇形OPQがあります。

図は、弧PQを９等分する８つの点から半径OQにそれぞれ垂線をおろしたものです。影の部分の面積は、合わせて何㎠ですか。

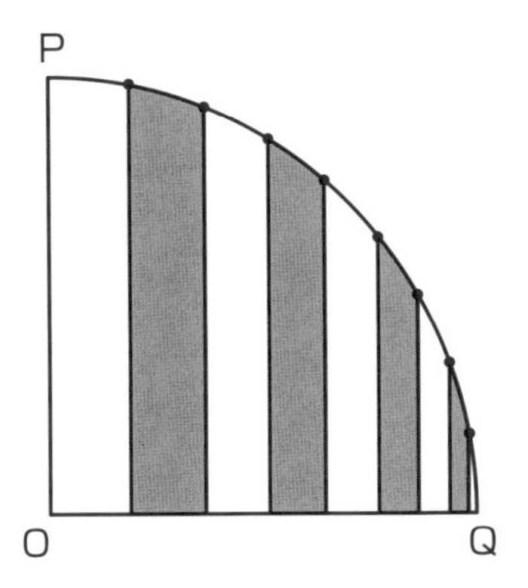

（吉祥女子中・一部省略）

解説

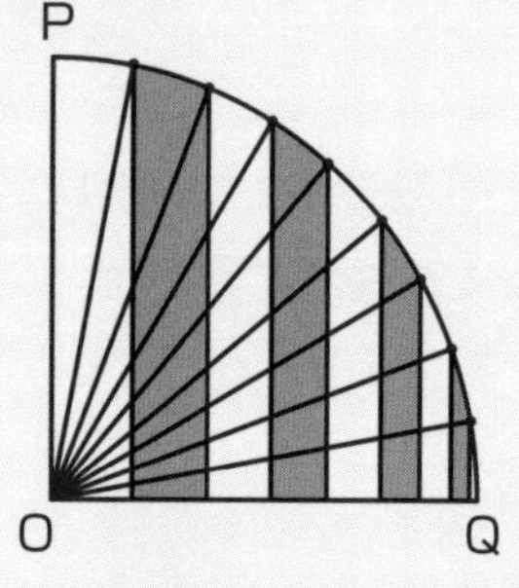

まずは、弧(こ)PQを９等分する８つの点を中心と結びます。そうすると、色のついた部分がそれぞれ直角三角形とおうぎ形を組み合わせたものから、直角三角形を引いた形になっていることがわかります。

まとめると、次のようになります。

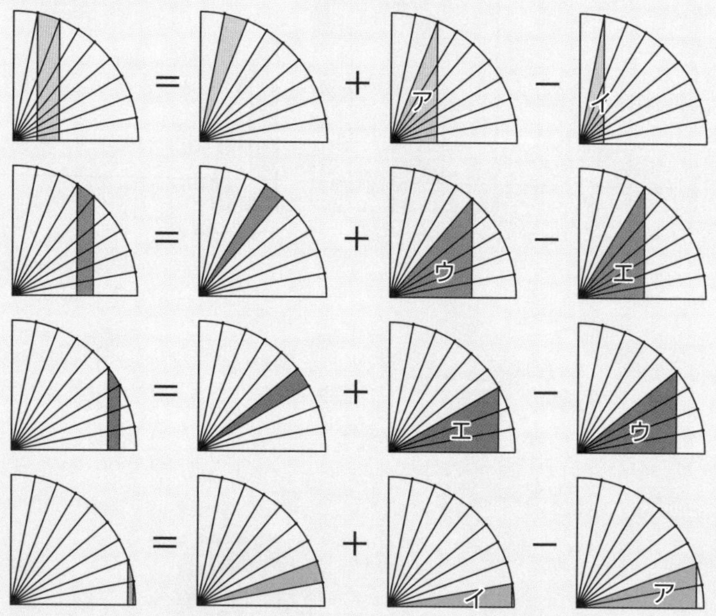

この時、４組の右側の式をすべて合わせると、直角三角形ア・イ・ウ・エが足し引きされて消え、中心角が10°のおうぎ形が４つ残ることになります。よって、求める面積は、

$$30\times30\times3.14\times\frac{10}{360}\times4=\underline{314\text{cm}^2}$$

「円の命は中心」、だから補助線は中心から引くことが多いのです。この法則を忘れずに、勉強を進めてくださいね。

第5章

立方体を基準に考える

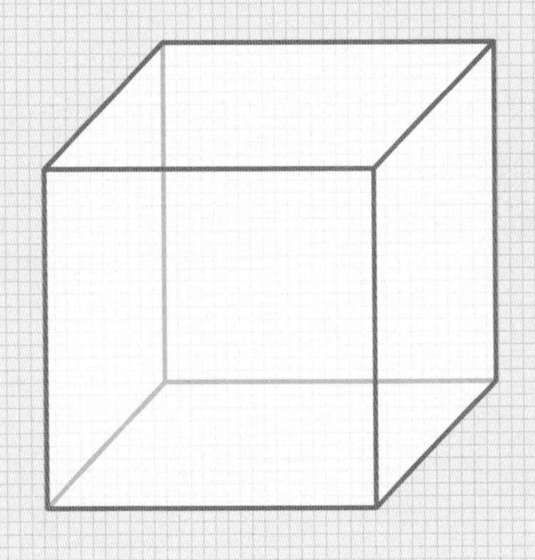

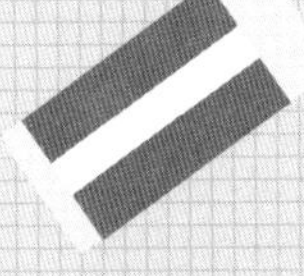

「もともとあったであろう美しい形」を考える

あと一面、そろえたいんだけどなぁ。

休み時間にもルービックキューブをやっているんですね。知ってしまえばパターンにあてはめる作業になるけれど、考えながらそろえていくというのはいいですね。

先生、やり方は教えてくれなくていいですからね。

わかっていますよ。自分で考えながら組み立てていくことで思考力が身につくものです。
でも、立体の問題を解く時に困ったらこうするといいよ、ということは今回教えるつもりです。

はい。今日は立体図形ですよね。

『鬼滅(きめつ)の刃(やいば)』を知っていますか？

えっ!? ぼく大好きです！ 竈門炭治郎(かまどたんじろう)が鬼殺隊(きさつたい)に入って人喰(ひとく)い鬼を倒していく話ですよね。でもどうして、『鬼滅(きめつ)の刃(やいば)』なんですか？

仲間と鬼を倒していくとか、家族を守るといったように、連帯感や家族愛を感じさせる点でも素晴らしい作品なのですが、それだけではありません。なぜ鬼になってしまったのか、そこにも人情があるのです。

確かに、鬼の累(るい)が人間だった時の話には、ちょっと切なくなったなぁ…。

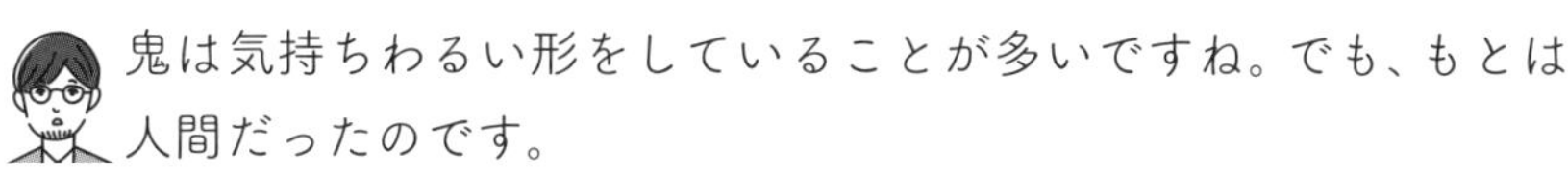
鬼は気持ちわるい形をしていることが多いですね。でも、もとは人間だったのです。

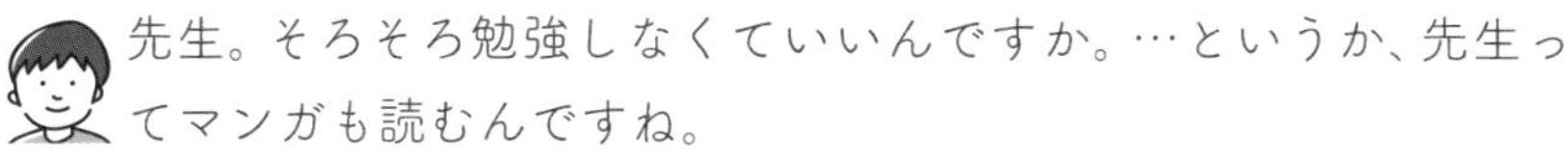
先生。そろそろ勉強しなくていいんですか。…というか、先生ってマンガも読むんですね。

じつは、ここが今日のポイントなんです。

ポイント!?

立体の問題で難しい時、「こんなわけのわからない形なんて無理！」と思うことがありますよね。そういう時、簡単にあきらめてはいけません。

う～ん…。でも、見ただけで「無理！」と思う問題はあります…。

そういう時は、「もともとあったであろう美しい形」を考えるのです。

確か、平面図形でもそういう話をしていましたね。

その通り。正三角形や正方形を基準にして考える問題に挑戦してきましたね。それと同じです。

ということは、立体だとどんな形になるのかなぁ。立方体かなぁ？

素晴らしいですね。今日は、立方体を基準に考える問題が出てきますよ。

あっ、そこに『鬼滅の刃』が関わってくるんですね。「鬼も人間だったんだから」って炭治郎が言っていました。よし、立体の難しい問題も、もとあった美しい形を考えて解いてみるぞ！

はい、難しく見える単元ですが、がんばりましょう。

立方体の見取り図を描こう

立方体は、正方形６枚でできた立体図形

ここからは立体図形の話になります。まずは立体図形の中でも、もっとも大切な図形である立方体です。**立方体は、サイコロのように正方形６枚でできた立体図形のこと**を言います。

平面図形の問題では、正方形がもとになっているものがありました。立体図形の問題でも、立方体をもとにした問題が多数あります。

正方形が面積の基準になっていたのと同じように、立方体は体積の基準になっているからです。

立方体の見取り図の美しい描き方

立方体をもとにした入試問題を解くためには、立方体のことをよく知っておかなくてはなりません。そこで、まずは立方体の見取り図をスラスラと描けるようになりましょう。

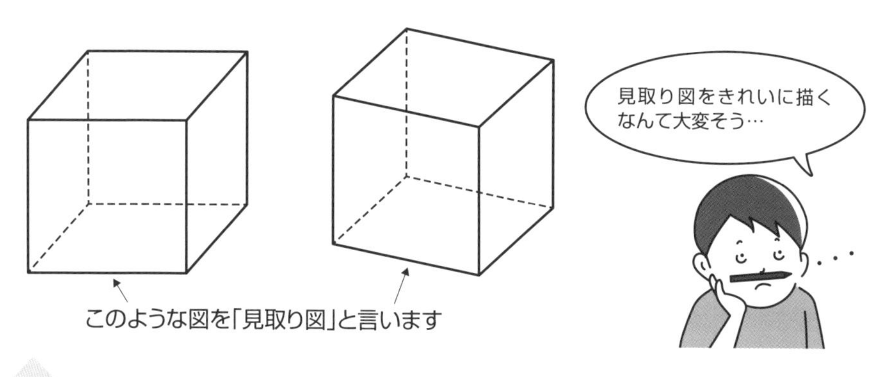

立方体を美しく描くポイントは「平行」

立方体をどこから見るかによって、見取り図の形は変わります。**入試問題では、前後の面が正方形に見えるような形で描かれた見取り図がよく登場します。**

この見取り図は、簡単に描くことができます。

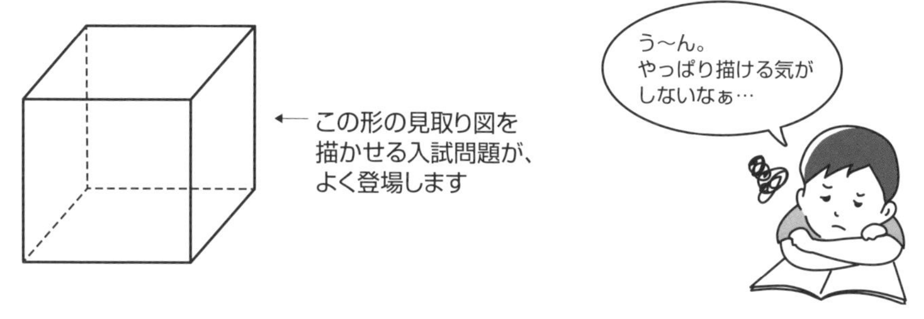

紙と鉛筆を用意してください。上の見取り図を見ながらでもいいので、自分で立方体の見取り図を描いてみましょう。

定規は使わなくても大丈夫です。中学入試では定規を使えないことのほうが多いからです。

見取り図を描く時には、見える辺を実線（—）で、見えない辺は破線（…）で描くようにしましょう。すべて実線にすると、どの面が手前にあるのかわからなくなってしまいます。

終わったら、自分の描いた立方体の辺に注目してください。

　立方体を描くのが苦手な人は、平行であるはずの辺が平行になっていないことが多いのです。

　立方体には全部で12本の辺があります。縦の辺、横の辺、高さの辺がそれぞれ4本ずつありますね。それら4本が平行に描かれていれば、美しく見えるはずです。

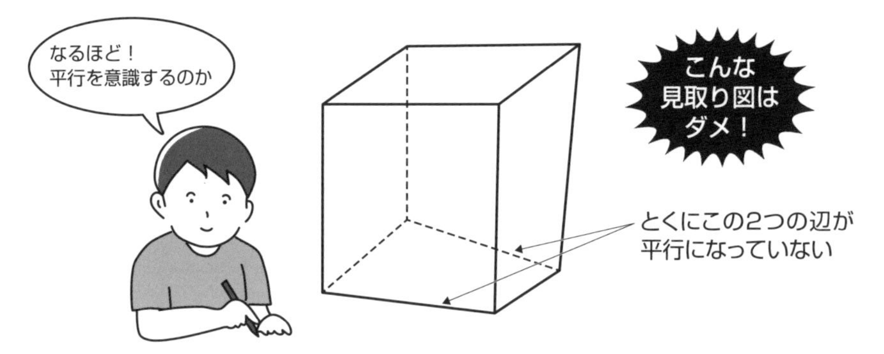

　平行な辺を意識しやすい描き方を教えるので、うまく描けなかった場合は順番に試して、自分に合った描き方を探してみましょう。

【立方体の描き方①】　上の面から描く

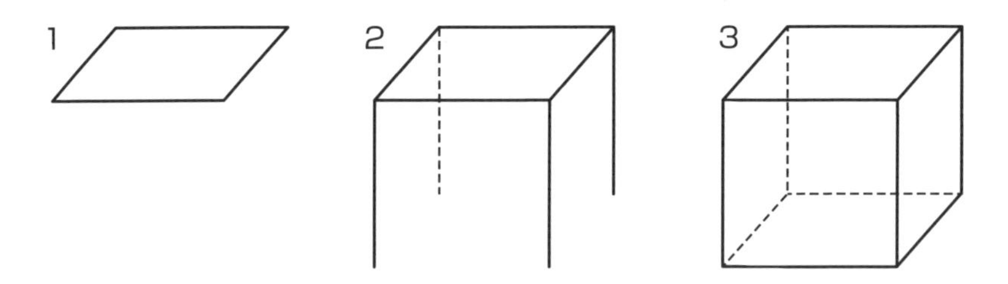

　上の面から柱が生えているイメージです。算数では上から下に向かって余白を使うことが多いので描きやすいですよ。

　ポイントは、上から下に生えていく柱をすべて同じ長さで描くことです。上の面の平行四辺形と同じものが下の面にできることを意識しながら描いてみましょう。

【立方体の描き方②】 見える面から描く

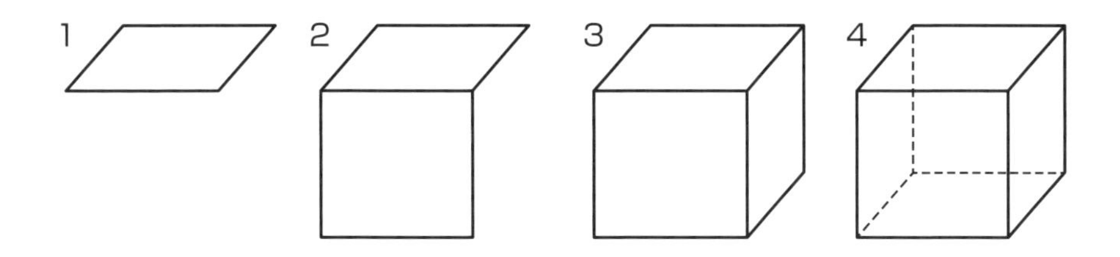

実線と破線を分けて描けるので、素早く描くことができます。立方体の全体像をパッとイメージできる人向けです。

ここでは、上の面→前の面→右の面の順で3つの面を描いていますが、好きな順で描いても大丈夫です。

【立方体の描き方③】 前後の面から描く

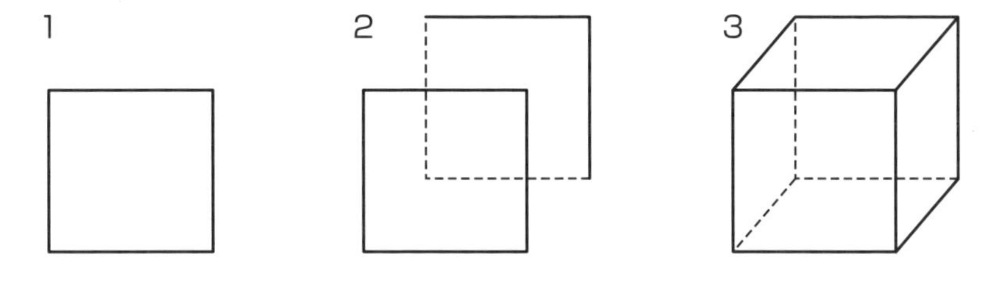

まず、正方形を斜(なな)めに2枚ずらして描くことで全体の形が決まります。バランスを取りやすく、立体図形を描くのが苦手な人におすすめです。

立方体を描くのが苦手な人は、まずはこの③の描き方で何度も描いてみましょう。慣れないうちは、すべての辺を実線で描いてもかまいません。

慣れてくれば、10秒もかからずに美しい立方体を描けるようになるはずです！

このよく登場する立方体をスラスラ描けたら、斜(なな)めから見た立方体にも挑戦してみるとよいでしょう。

じつは、ここで描いてもらったよく登場する立方体の見取り図には、嘘が含まれているのです。何のことだかわかりますか？

これらの見取り図では、正面の面が「正方形」として描かれています。でも、立方体のある面が「正方形」として見えるためには、立方体を真正面から見る必要があります。

でも、そうすると正面以外の面は見えなくなってしまうのです。

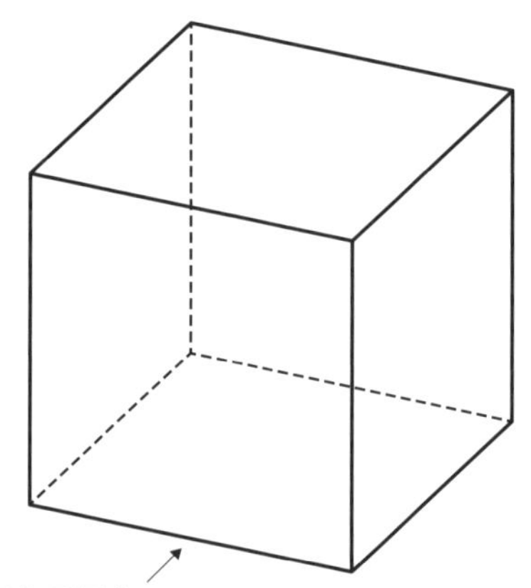

立方体の真正面が正方形に見える場合、
本来であれば他の面は見えない

嘘の少ない見取り図を描きたい人は、上の図のような斜めから見たような見取り図も練習してみてください。

立方体の展開図を覚えよう

立方体の展開図を考えてみよう

では、立方体の見取り図についての理解が深まってきたところで、今度は立方体の展開図について考えてみましょう。

ここでは、回転や裏返しで重なるものは、同じ展開図ということにします。つまり、次のような3つの展開図はすべて同じものということです。

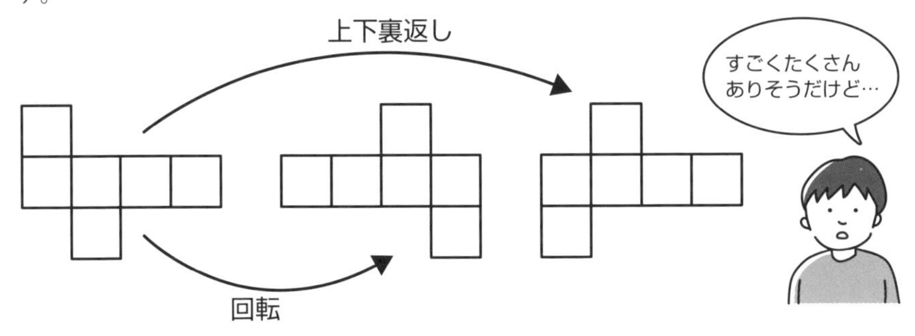

ぜひ、思いつく限り、自分で展開図を描き出してみてください。それほど多くないので、全部描ききることは不可能ではないはずです。

全部描けたと思ってから、次に進むことにしましょう。

11種類の立方体の展開図を覚えよう

立方体の展開図は全部で11種類あります。

この11という数字自体は重要ではないけれど、11種類すべてが、パッと見て「正しい」立方体の展開図であることを判断できるようになることは大切です。

立方体の展開図は、正方形が「もっとも多くて何個まっすぐ並ぶか」で分類すると、考えやすいのです。

まずは、正方形が横に４個並んだ展開図を考えてみましょう。残りの２個の面が、ふたと底になっていると思うと、イメージしやすいですね。

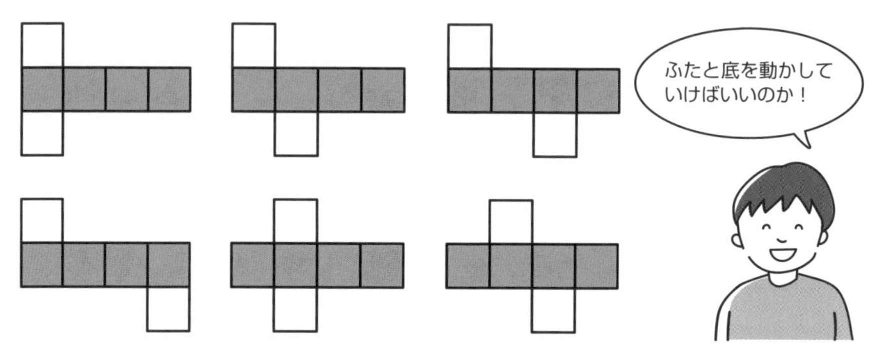

このように、全部で６種類あります。

自分が描いた展開図の中に、正方形が４個並んだものが６種類よりも多くあったら、同じ展開図を描いているか、成立しない展開図を描いているかのどちらかです。

余計なものは自分で見つけて消しておきましょう。

次に、正方形が横に３個並んだ展開図を考えてみます。

これは少しイメージしづらいかもしれませんが、色をつけた5マスを固定して、残りの1マスが移動していると考えましょう。

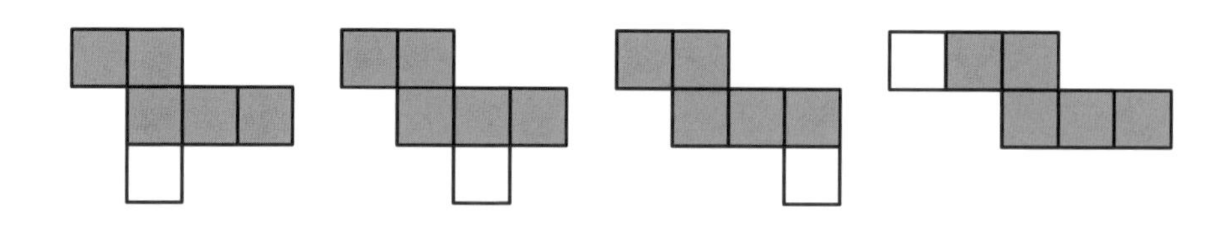

このように、全部で４種類あります。

最後に、正方形が横に２個しか並ばない展開図が、１種類だけあります。上の４つのうち、左から２番目の展開図から１マスだけ動かせば、つくることができます。

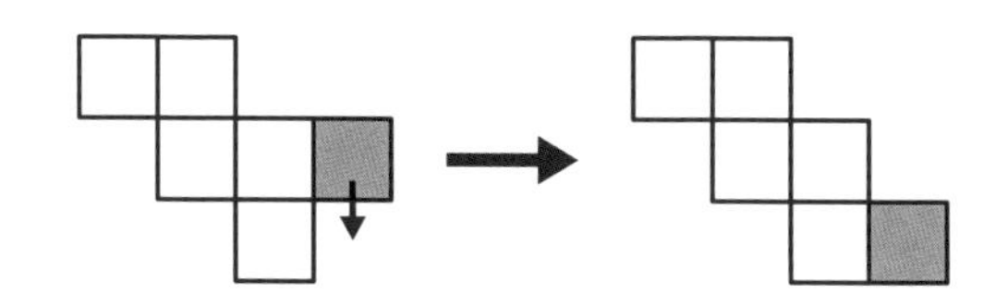

これら11種類が立方体の展開図ということになります。

入試では「正しい」展開図かどうかを判断するような問題も出題されるので、**11種類すべての組み立てるイメージを頭の中で持てるといい**ですね。

実際に展開図を描いて切り取ってみて、組み立ててみてください。それが、図形を得意になるための1番の近道です。

立方体を切り開いて考える

展開図については、次のような問題にも対応できるようになりましょう。

例題10

図1は、厚紙でつくられた立方体です。この立方体を辺にそって切り開いたら、図2のようになりました。図2のようになるには、立方体の辺をいくつ切ればよいですか。

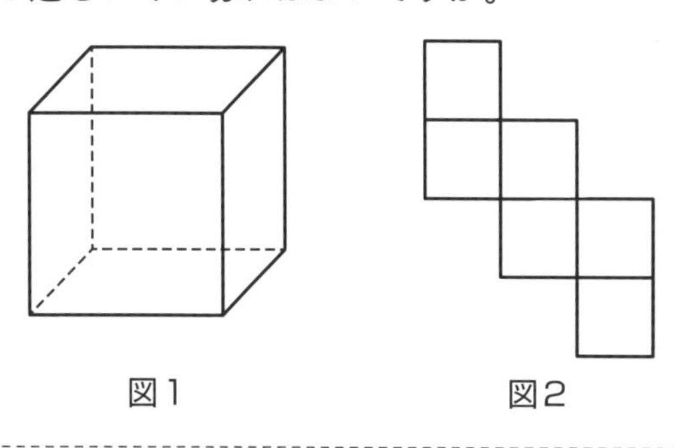

図1　　図2

（筑波大学附属中）

　類題は他の学校でも多数出題されています。

　立方体ではなく、もっと複雑な立体図形を題材にすることもありますが、基本的な考え方は変わりません。

　まずは、展開図の中で、どの辺とどの辺がくっつくかを判断できるようになることが大切です。実際に紙に展開図を描いて、辺と辺を結んでみてください。

　右の図のように、辺と辺がくっつく場所が7カ所あることはわかりましたか？

　この辺と辺が7カ所くっつくということは、言い換えれば、辺と辺を7カ所切ったということ。そのため、切ればよい辺の数は7になります。

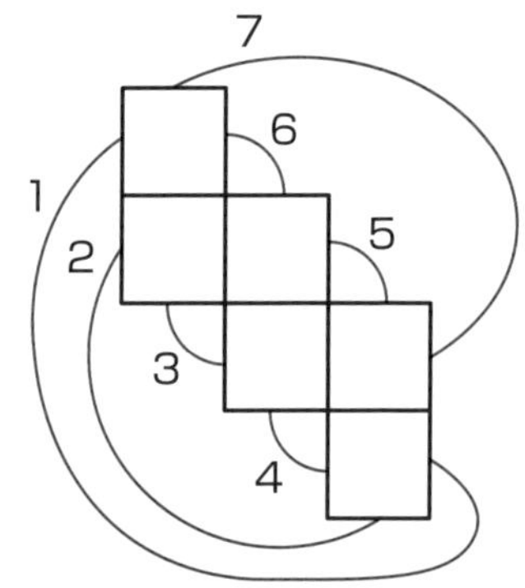

　切る辺の数を求めるだけなら、どことどこがくっつくかがわかっていなくても問題ありません。展開図の周りにある辺の数を数えると全部で14本あります。

　2本ずつくっつくので、14÷2＝7と求めることができます。

　展開図がなくても、答えを求めることができます。

　立方体には面が6個あるので、展開図にするためには6個の面がつながっている必要があります。そうすると、いわゆる植木算で、5カ所の辺がつながっていることになります。

　また、立方体には辺が全部で12本あります。そのうち5本がつながっているということは、切られたのは、12－5＝**7本**ということになるわけです。

立方体にピッタリとはめてみよう

正四面体は立方体にピッタリとはまる

では、いよいよ立方体とは関係なさそうな図形について考えていきましょう。

例題11

図のように４つの正三角形でできた図形があり、辺ABの真ん中の点をM、辺CDの真ん中の点をNとすると、MNの長さは６㎝です。この立体の体積を求めなさい。

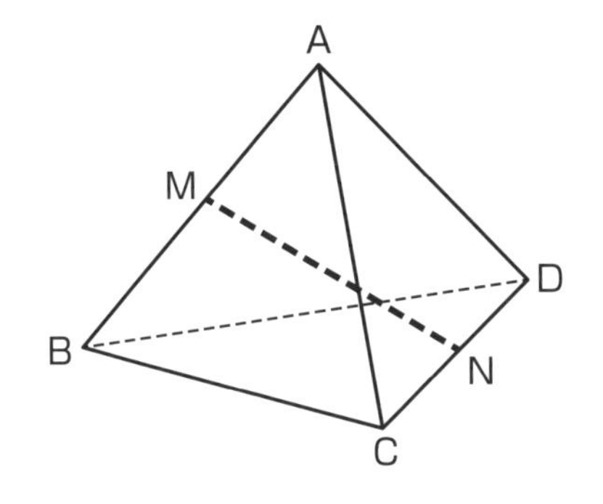

どうやって解くかわかりましたか？

この図形のように、等しい正三角形４枚でできた図形を「正四面体」と言います。詳しくは次の章で扱いますが、正多面体と呼ばれる図形のうちの１つです。

さて、「どこにも立方体なんてないのでは？」と思ったかもしれませんが、そんなことはありません。まずは自分で立方体を描いて、いろいろと考えてみてください。

1辺が6㎝の立方体と並べてみます。

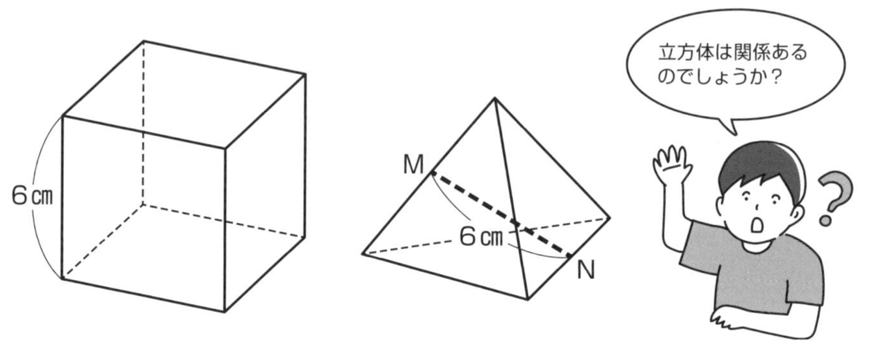

MNの向きを立方体の1辺の向きとそろえた様子をイメージしてみてください。じつは、この正四面体は、立方体の中にピッタリとはめることができます。

1辺の長さが6㎝の立方体にピッタリはまる形であることが確認できました。あとは、立方体から三角すいを4つ切り取ることで、体積を計算できます。

すい体の体積は「底面積×高さ÷3」で求められるので、切り取る三角すい1つ分は、6×6÷2×6÷3＝36㎤です。

よって、求める体積は、6×6×6－36×4＝**72㎤**となります。

立方体にピッタリはまる多面体

正四面体のように、立方体にピッタリとはまる図形について、ここでは代表的な3つを紹介します。

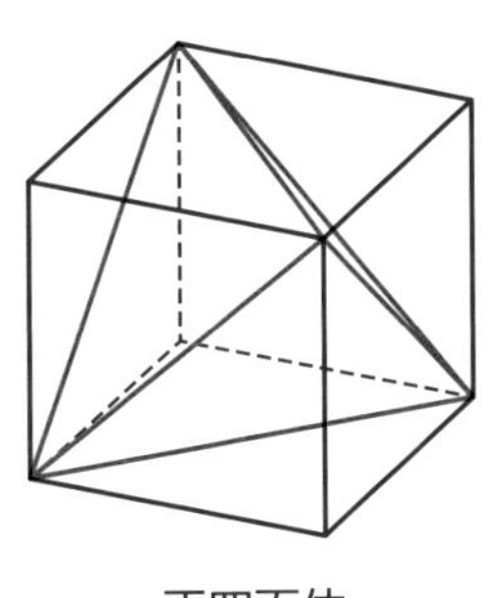

正四面体

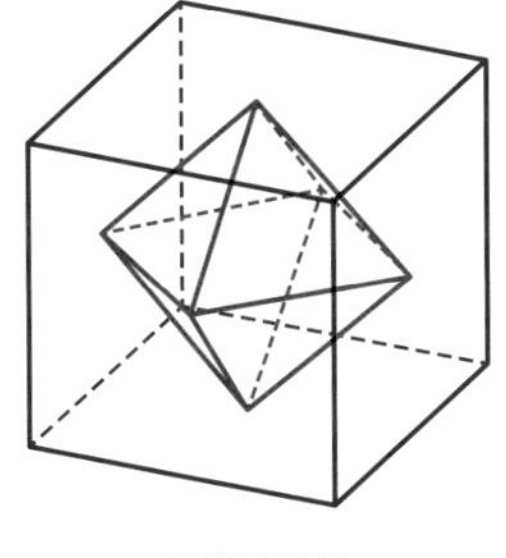

正八面体

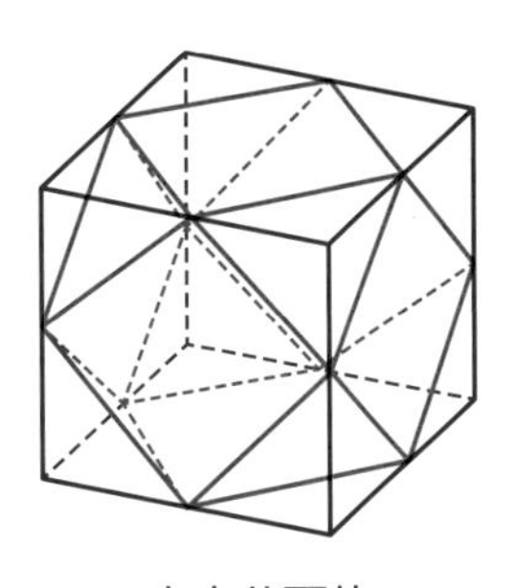

立方八面体

正四面体は、先ほどの通り、立方体の頂点のうち４つを結んでできる立体です。正三角形４枚でできています。

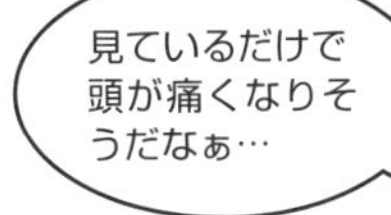

正八面体は、正四面体にもピッタリはまる

正八面体は、正三角形８枚で構成され、立方体の各面の真ん中を結ぶとできます。正四面体の中にピッタリはまる様子もイメージできるようにしておきましょう。

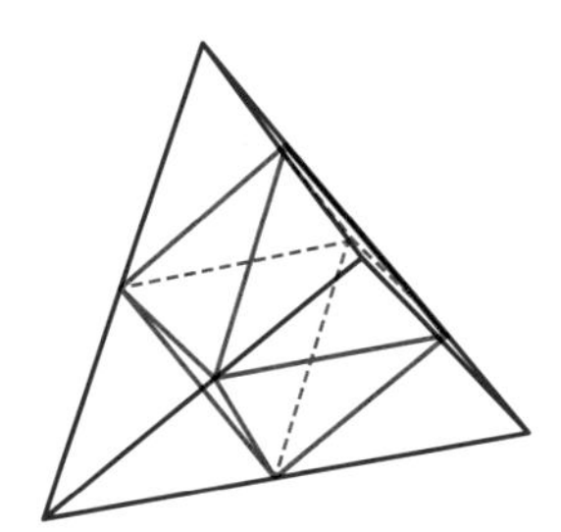

立方八面体は14枚の面でできている

立方八面体は、立方体の各辺の真ん中を結ぶとできる立体です。名前を覚える必要はありませんが、形はしっかりとイメージできるようにしましょう。

立方八面体は、正三角形８枚、正方形６枚の合計14枚の面でできています。立方体の頂点を切り落とすとできると考えましょう。

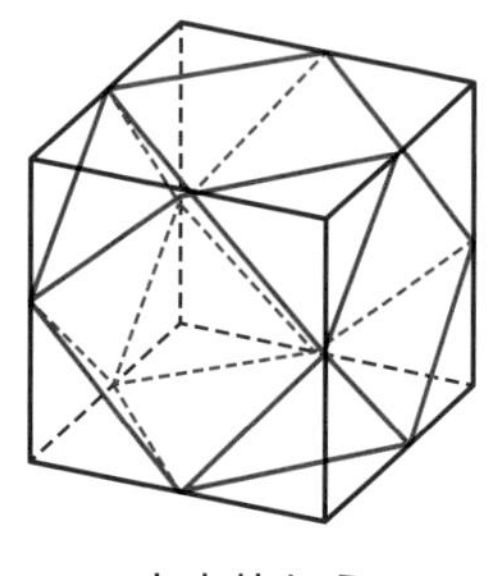

立方体から

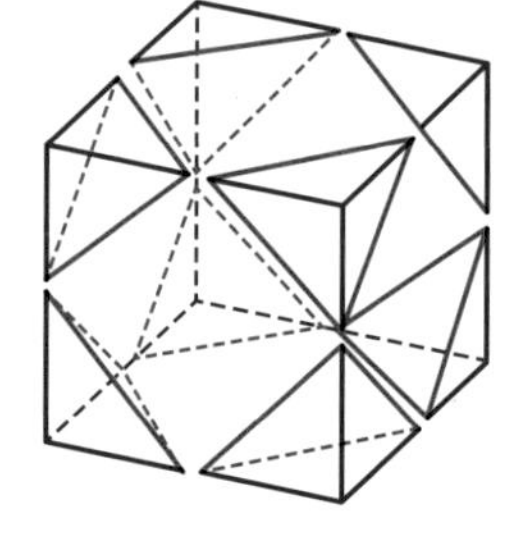

頂点を切り落として

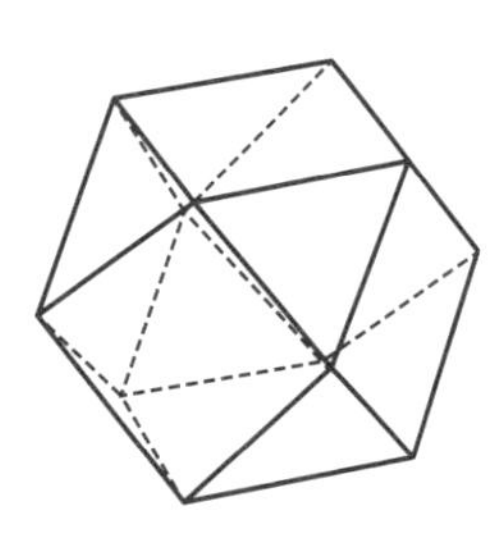

残ったもの！

立方八面体をさらに斜(なな)めに切って半分にすると、かなりややこしい形の立体をつくることができます。下図（右端）のように、正三角形４枚、正方形３枚、正六角形１枚でできた立体です。

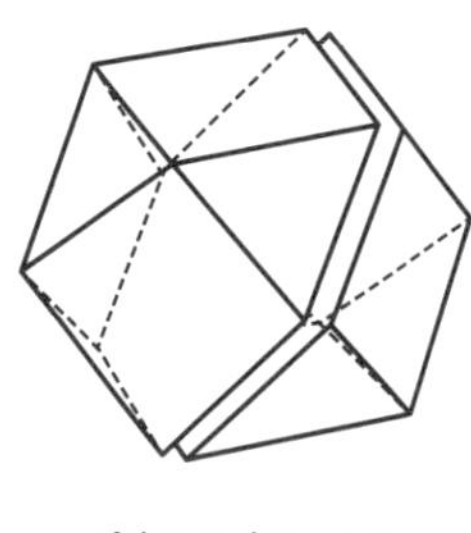

斜めに切って

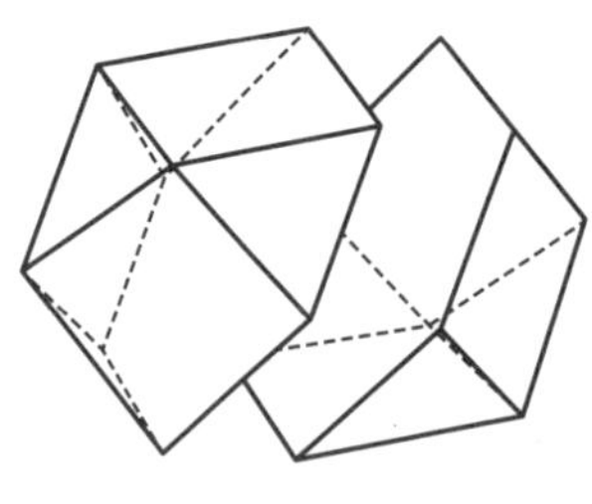

２つに分かれた

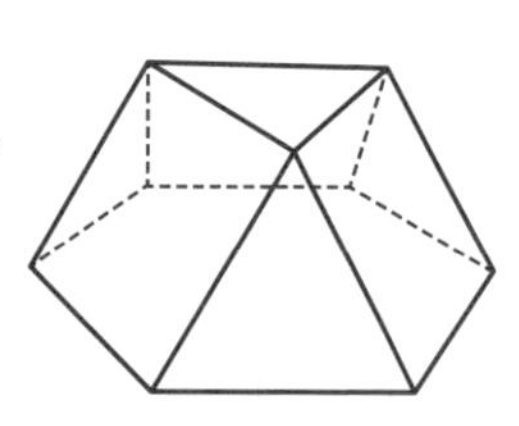

１つ分の形

この立体から立方体を連想するのは、立方体についていろいろと考えた経験がないと、なかなかできないはずです。

一方で、難関校ではこういった立体図形が展開図で示され、そこから立方体に落とし込む力が要求されるのです。

5章のまとめ

- 立方体の見取り図を美しく描けるようになろう
- 立方体の展開図は全11種類。すべて描けるようになろう

全11種類

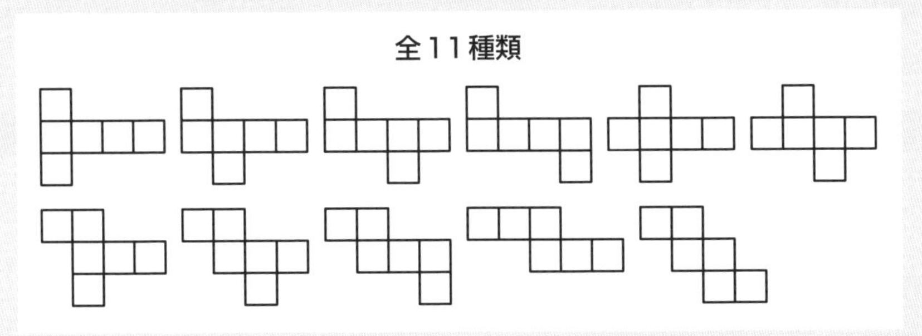

- 立体図形の問題では、立方体をもとにして考えると見通しがよくなることがある

立方体をもとにして考えられる立体の代表例

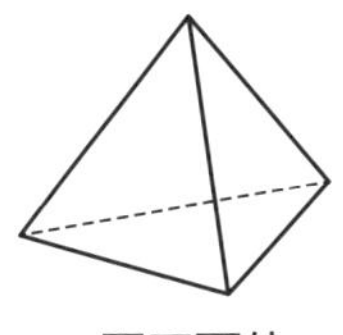

正四面体

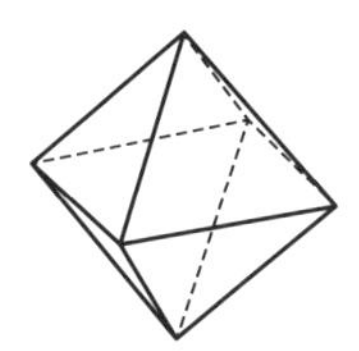

正八面体

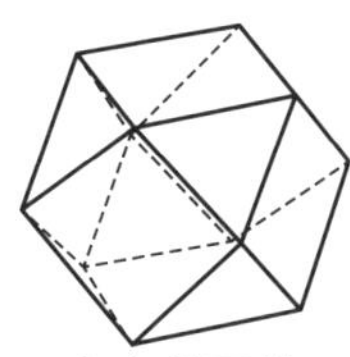

立方八面体

展開図の問題が苦手な人は、実際に紙などで工作してみると、イメージしやすくなりますよ。まずは描きながらあれこれ考えてみて、次に実際に組み立ててみるのがおすすめです

入試問題に挑戦 13

正三角形１つと直角二等辺三角形３つを組み合わせた図のような展開図があります。この展開図を組み立ててできる立体の体積を求めなさい。

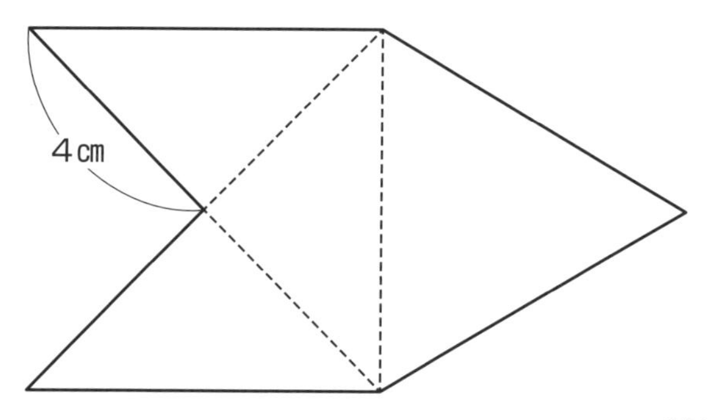

（鷗友学園女子中）

解説

正三角形や、直角二等辺三角形は、立方体を切断することで出てくる図形です。与えられた展開図を組み立てた立体は、1辺が4㎝の立方体の中に描くことができます。

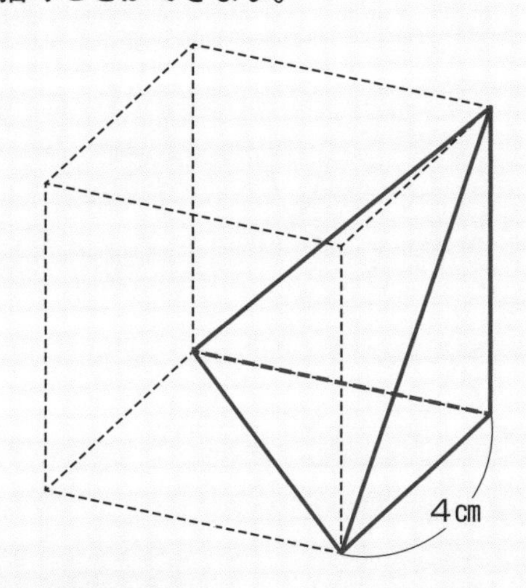

底面の二等辺三角形の面積は

$4 \times 4 \div 2 = 8$㎠です。

底面積が8㎠、高さが4㎝の三角すいなので、求める体積は、

$8 \times 4 \div 3 = \frac{32}{3} = 10\frac{2}{3}$㎠となります。

この問題は、立方体の中で考えなくても解くことができます。でも、すぐに立方体を連想できたほうが、より難しい問題に対応しやすくなりますよ。

入試問題に挑戦 14

辺の長さが等しい正方形と正三角形があります。この正方形６個と正三角形８個を組み合わせて、下のような展開図（図１）になる立体（図２）を作りました。

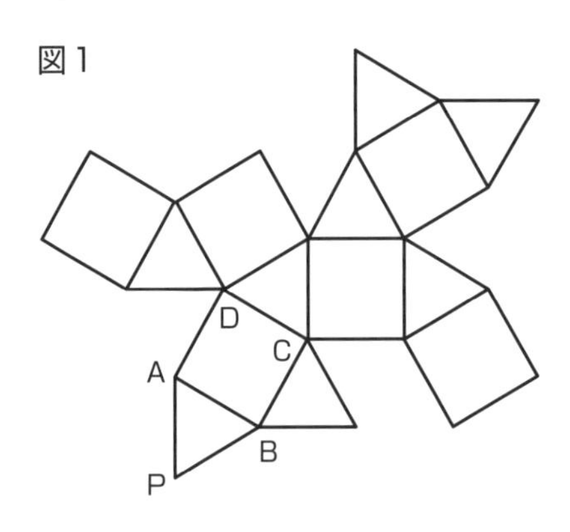

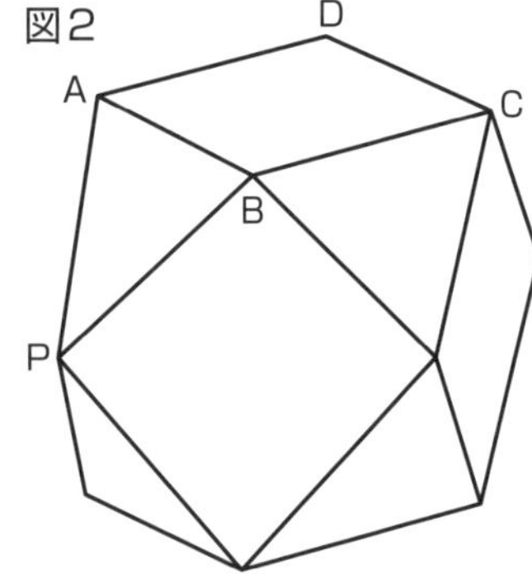

次の問いに答えなさい。

（1） この立体の辺の数を答えなさい。

（2） この立体を正方形ABCDの真上から見たときの図をかきなさい。

（3） この展開図から立体を作ったとき、点Pと重なる点すべてに○印をつけなさい。

（4） 正方形１個の面積が18㎠であるとき、この立体の体積は何㎤ですか。

（渋谷教育学園渋谷中）

解説

この立体は、立方体にピッタリとはめることができます。

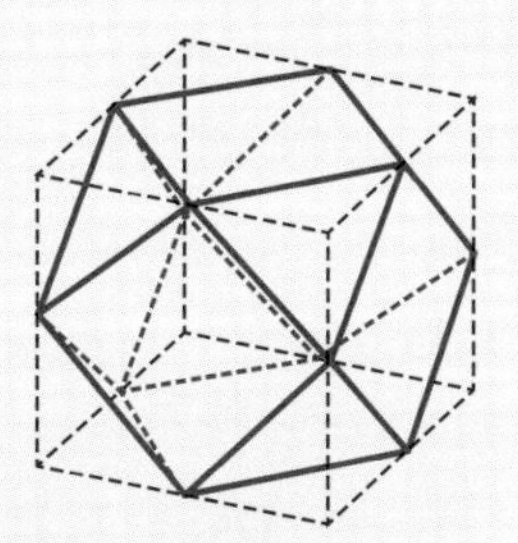

(1)正方形が６枚、正三角形が８枚あるので、

(４×６＋３×８)÷２＝24本

(2)この立体を真上から見た様子は、下図のようになる。

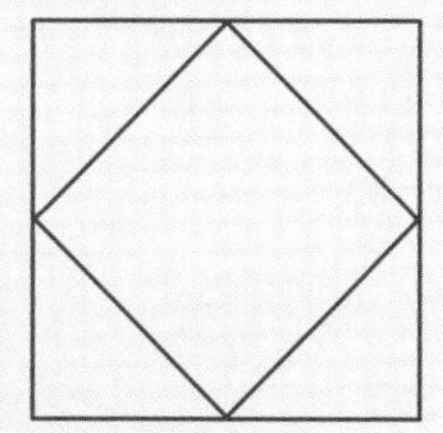

(3)頂点の重なりを考えるのは難しいので、辺の重なりを考えます。正三角形の辺と正方形の辺がくっつくことに注意して辺と辺を結ぶと右の図のようになります。よって、○印をつける点は右の図で点Ｐと線でつなげた３カ所となります。

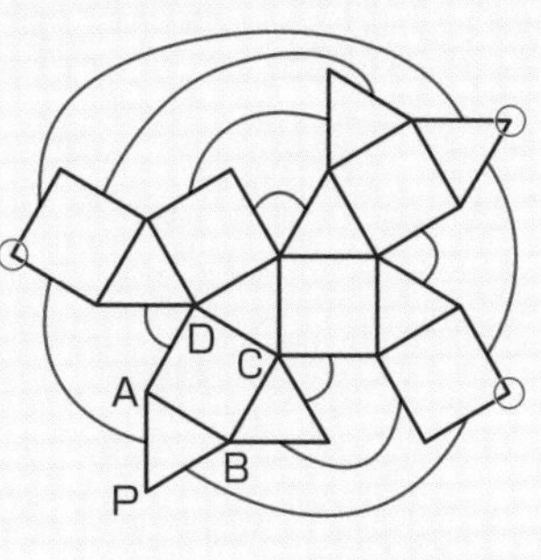

(4)立方体の1辺の長さを□cmとすると、ひし形(正方形)の面積を求める公式「対角線×対角線÷２」にあてはめて

□×□÷２＝18cm²より、

□×□＝36

□＝６cm

立方体の体積から、三角すいの体積を8つ引くと、

６×６×６－(３×３÷２×３÷３)×８＝180cm³となります。

入試問題に挑戦 15

展開図が右の図のような立体の体積は［　　］cm³です。ただし、四角形の面は正方形で、三角形の面のうち4個は正三角形、残り4個は直角二等辺三角形です。

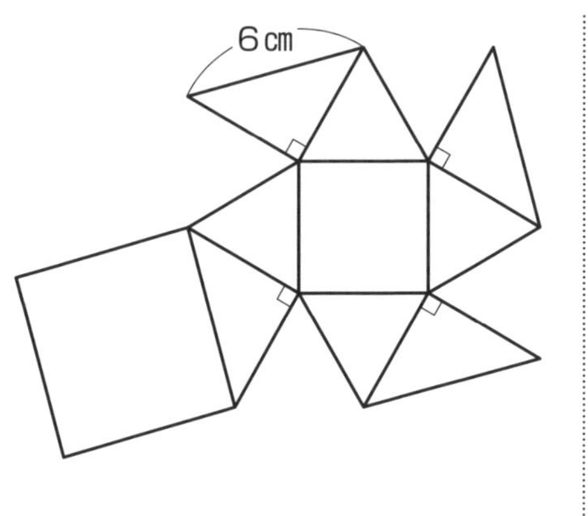

（灘中）

〈入試問題に挑戦 14〉の展開図と、少し似ているような気がしませんか？

大きいほうの正方形でできた立方体をイメージします。

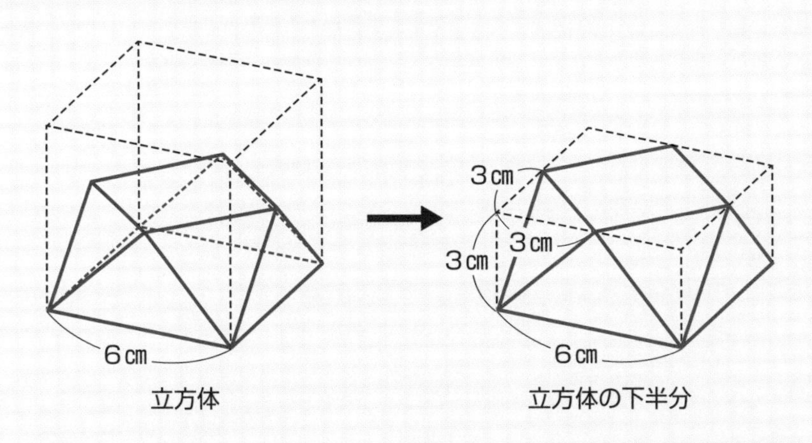

上の図のように、立方体の下半分（直方体）から、三角すいを４つ切り取ったような立体の体積を求めればいいことがわかります。

展開図の直角二等辺三角形はもともとの立方体の面の一部で、正三角形は切り口になっていたのです。
直方体の高さは、６÷２＝３cmです。

直方体から三角すいを４つ引くと、
　６×６×３－（３×３÷２×３÷３）×４＝90cm³となります。

〈入試問題に挑戦 14〉の図形の半分になっていることに気づきましたか？
　立方体を基準に考えると、難しい問題も、自分で解けるようになってきますよ。

第6章

正多面体の性質をつかむ

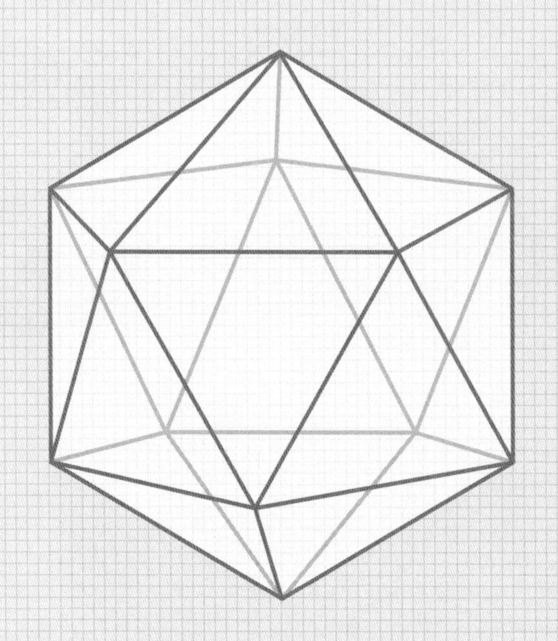

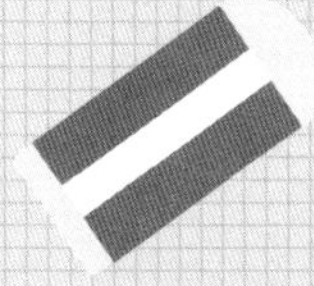

じつは球体ではなかった サッカーボールの秘密

今日の授業では、サッカーボールを使います。

えっ!? 体育の授業ですか? やったー!

サッカーボールを見てください。この形から何か気づくことはありますか?

あれっ!? よく見ると、サッカーボールって球体ではないんだ! 球に似ているけど、ちょっと違うなぁ。

そうですね。もっと具体的に答えてみてください。

正六角形と正五角形があります。それを組み合わせているのかな。

その通り! 身近なものにも算数が隠れているんです。

な〜んだ…。やっぱり算数の授業なのかぁ…。

さて、どうしてこういう形になっているのでしょうか?

球体に近いけど、球体じゃない…。ん〜難しいなぁ…。球体のほうがいいと思うんだけどなぁ…。

そうですね。ただ、昔は革をつないでつくっていたので、きれいな球体にするのが難しかったのでしょう。そこで、同じ形を組み合わせることで球体に近いものを考えたのです。

へぇ〜。でも、どうして同じ形にしなかったんだろう。正六角形と正五角形と組み合わせずに、同じ形でつくればよかったのに。

それはとてもいい疑問です。重要なのは、疑問を持ち続けること。今日は、美しい多面体の勉強をするのですが、同じ形でできた立体と言えば、何を思いつきますか？

まず立方体かな。それから、正四面体。正三角形４枚でつくられるものですよね。

そうです。いいですね。でも、それではサッカーボールになりません。立方体を蹴っていたらサッカーになりませんよね。

ん〜そうだ！ 正八面体があった！

はい、また１つ思いつきましたね。でも、正八面体を蹴るサッカーをイメージできますか？

う〜ん…。じゃあ正百面体！ それならサッカーもできそうです！

まなぶ君…。果たして、そんな立体はつくれますかね…。では、勉強を始めていきましょう。

正多面体の種類を覚えよう

5種類の正多面体を覚えよう

正多面体は、次の２つの条件を満たす、へこみのない立体のことを言います。

条件①すべての面が等しい正多角形でできている
条件②すべての頂点に集まる面の数が等しい

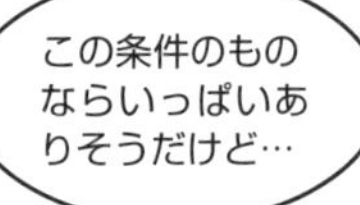

上の２つの条件を満たす図形は、全部で５種類あります。

これまでに登場した正四面体、立方体、正八面体の３種類に加え、正十二面体、正二十面体の２種類です。

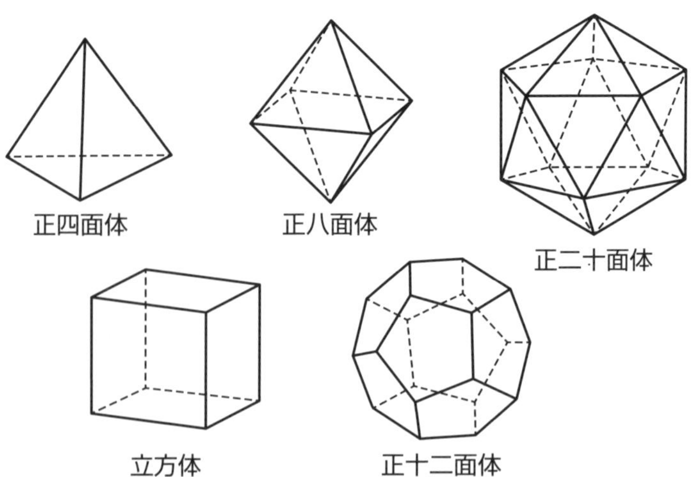

正四面体、正八面体、正二十面体は各面が正三角形で、立方体は正方形で、正十二面体は正五角形でできていますね。

正多面体が5種類しかないことは、意外かもしれませんね。でも、面の形で分類すると簡単に説明できるのです。

正三角形でできた正多面体

まずは、正三角形でできた正多面体を考えます。

正三角形を集めて立体の頂点をつくることを想像してください。正三角形を3枚集めると、とがった頂点をつくれますよね。

そして、正三角形の枚数を4枚、5枚と増やしていくと、少しずつなだらかな頂点へと変化していきます。

では、正三角形を6枚にしたらどうでしょう？

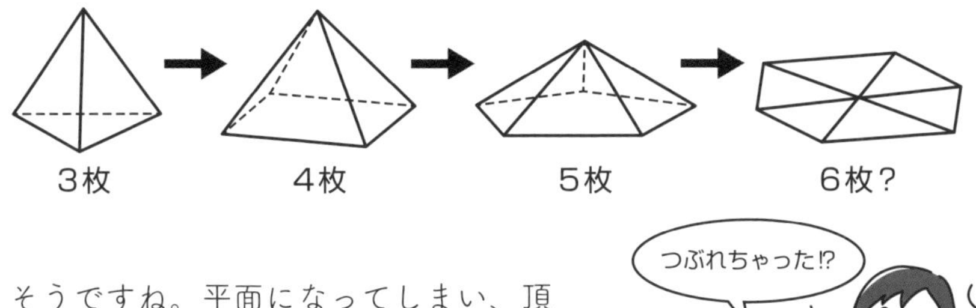

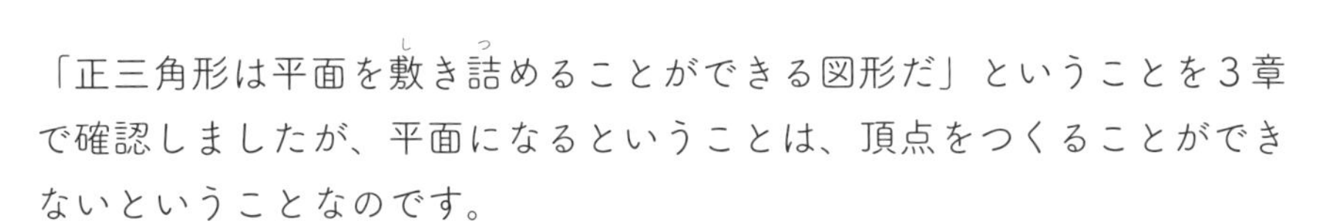

そうですね。平面になってしまい、頂点をつくることはできません。正三角形の1つの内角の大きさである60°が6つ集まると、60×6＝360°になります。

「正三角形は平面を敷き詰めることができる図形だ」ということを3章で確認しましたが、平面になるということは、頂点をつくることができないということなのです。

正三角形を使った正多面体は3種類だけ

正三角形を1つの頂点に3枚集めると正四面体、4枚集めると正八面体、5枚集めると正二十面体ができます。

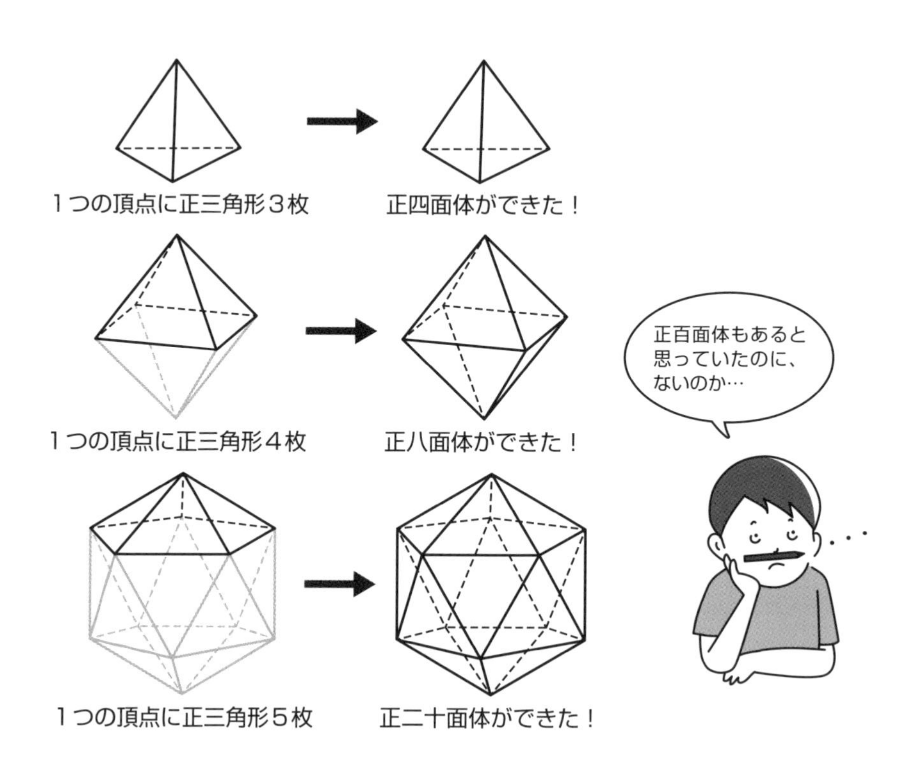

これで、正三角形を使った正多面体はこの3種類しかないことがわかりました。

正方形からできる多角形は立方体の1種類

正三角形以外の正多角形についても確認しましょう。

正方形は1つの内角の大きさが90°です。**正方形3枚なら、90×3＝270°となり、360°より小さいので立体の頂点をつくることができます。**

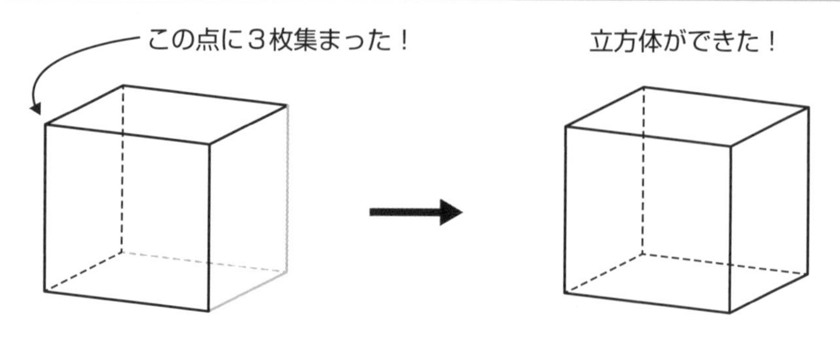

正方形4枚では、90×４＝360°となり、立体の頂点をつくれません。

正五角形からできる多角形は正十二面体の１種類

正五角形は、1つの内角の大きさが108°です。

正方形と同じように、３枚なら108×３＝324°で頂点をつくることができます。

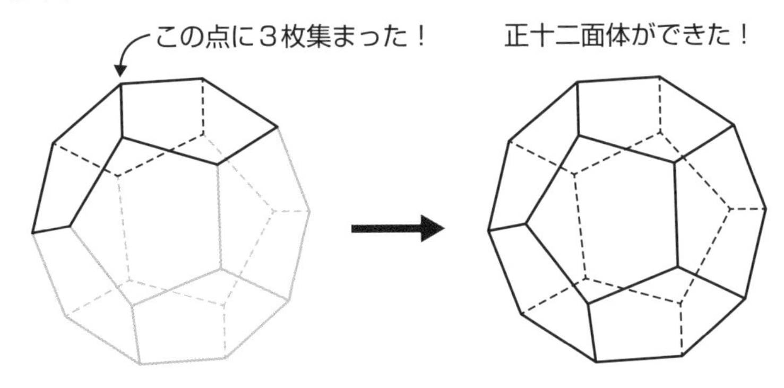

正五角形４枚の場合、108×４＝432°となり、360°を超えてしまうので、立体の頂点をつくれません。

最後に、正五角形より頂点の多い正多角形についても確認しておきましょう。

正六角形は１つの内角の大きさが120°です。３枚なら120×３＝360°となり、頂点をつくることはできません。

正七角形、正八角形、正九角形と形を変えたところで、１つの内角の大きさはどんどん大きくなって、頂点をつくれなくなってしまいます。

これで、正多面体が５種類しかないことがわかりましたね。

頂点の数、辺の数、面の数を覚えよう

正四面体の性質

前ページで、正多面体は全部で５種類ということがわかりました。ここでは、それぞれの性質を確認していきましょう。

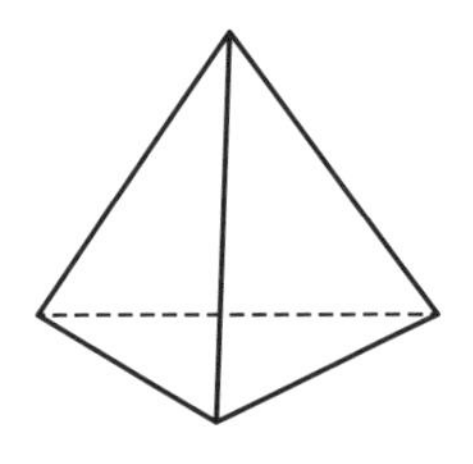

正四面体

まずは、正四面体の頂点の数、辺の数、面の数を確認してみましょう。これは簡単に数えることができます。

	頂点の数	辺の数	面の数
正四面体	4	6	4

立方体と正八面体の特別な関係

続いて、立方体と正八面体についても数えてみましょう。

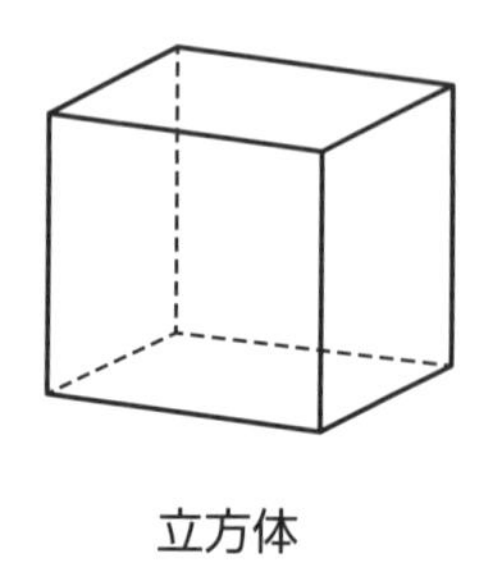

立方体

正八面体

	頂点の数	辺の数	面の数
立方体	8	12	6
正八面体	6	12	8

立方体と正八面体の数字を比べて何か気づきませんか？

辺の数が同じで、頂点の数と面の数がちょうど入れ替わっていますね。これは偶然ではありません。立方体と正八面体には、特別な関係があります。そのため、頂点と面の数が入れ替わる関係になっているのです。

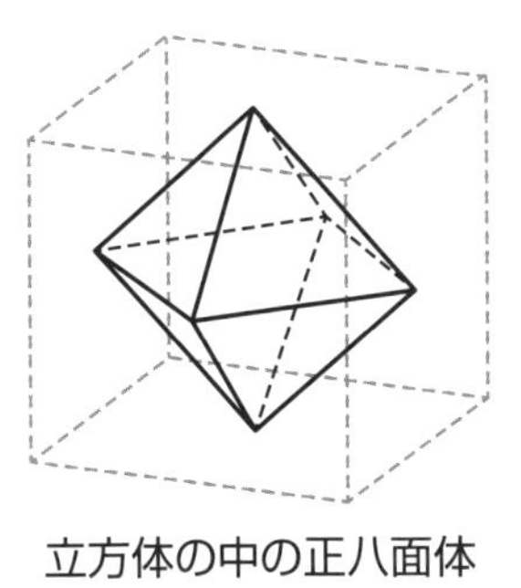

立方体の中の正八面体

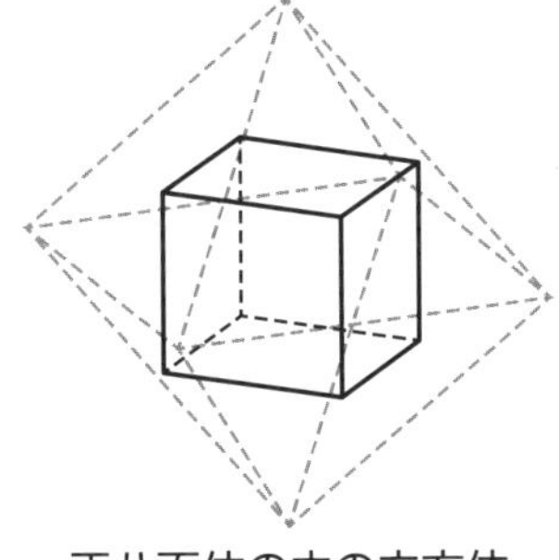

正八面体の中の立方体

立方体の各面の真ん中を結ぶと正八面体ができ、正八面体の各面の真ん中を結ぶと立方体ができます。

正十二面体の頂点・辺・面の数

正十二面体についても確認してみましょう。

数が多くなってきたので、計算で求めてみます。

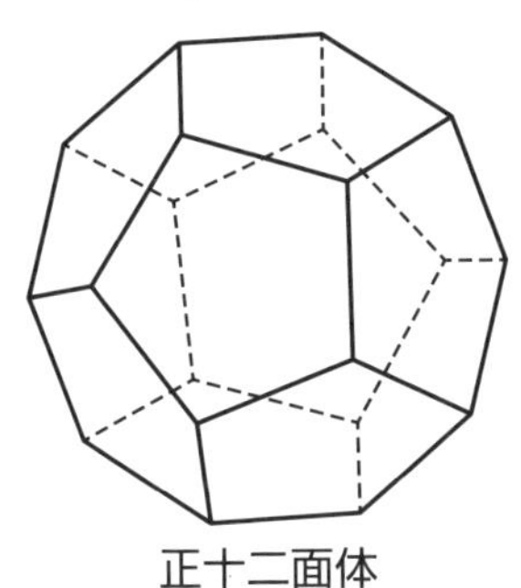

正十二面体

正十二面体なので、面の数が12枚なのはわかっています。すべての面をバラバラにして、組み立てていく様子をイメージしましょう。

正五角形が12枚あるので、バラバラにすると、
頂点の数は、5×12＝60個あり、
辺の数も、5×12＝60本あることになります。

ここで、バラバラの面を立体に組み立てていくと、3つの頂点が重なって正十二面体の1つの頂点になっていることがわかります。
よって、頂点の数は、60÷3＝20個と求められます。

また、2つの辺が重なって正十二面体の1つの辺になっていることがわかります。同様に、辺の数は、60÷2＝30本と求められます。

正二十面体の頂点・辺・面の数

正二十面体についても、同じように計算してみましょう。

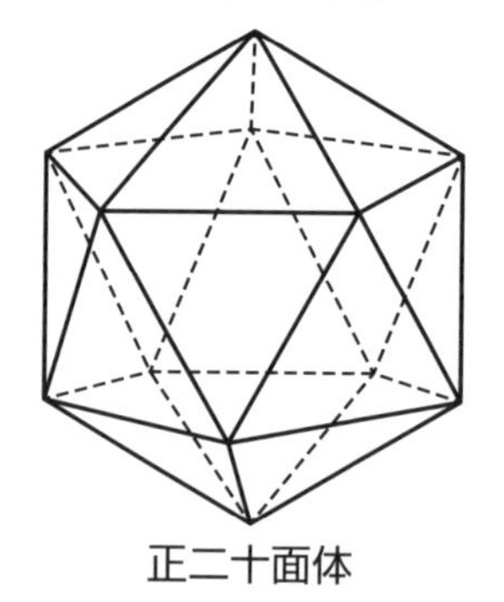

正二十面体

5枚の正三角形が重なって、正二十面体の1つの頂点になっているので、頂点の数は、(3×20)÷5＝12個。

2本の辺が重なって、正二十面体の1つの辺になっているので、辺の数は、(3×20)÷2＝30本になります。

正十二面体と正二十面体の性質と関係性

わかってきましたか？

正十二面体と正二十面体について、まとめておきます。

	頂点の数	辺の数	面の数
正十二面体	20	30	12
正二十面体	12	30	20

このようにまとめると、何か気づくことはありませんか？

立方体と正八面体の時と同じように、辺の数が同じで、頂点の数と面の数が入れ替わっています。

正十二面体と正二十面体の関係も、立方体と正八面体の関係と同じで、お互(たが)いに中にピッタリとはまるようになっているのです。

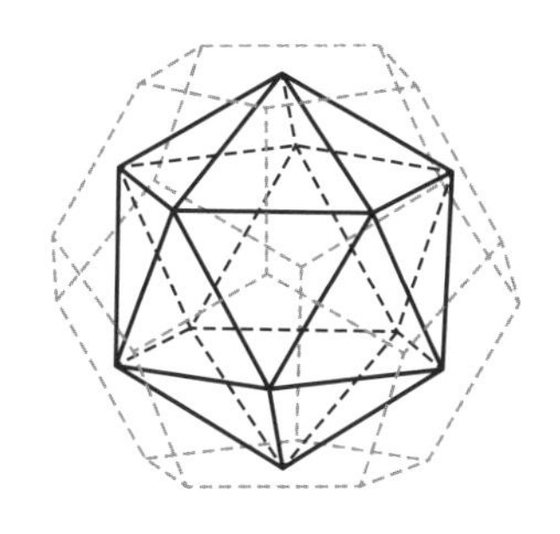

正十二面体の中の正二十面体

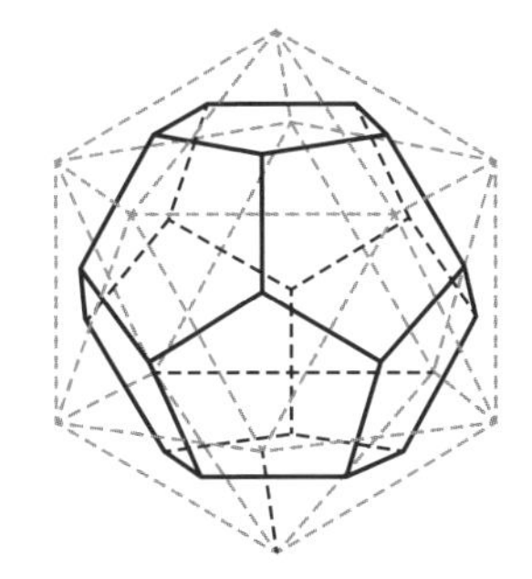

正二十面体の中の正十二面体

それぞれの性質や関係性がわかると、正多面体に興味がわいてきませんか？

正多面体の展開図を知ろう

正四面体の展開図は2種類だけ

正四面体の展開図は、とても簡単です。
2種類しかありません。

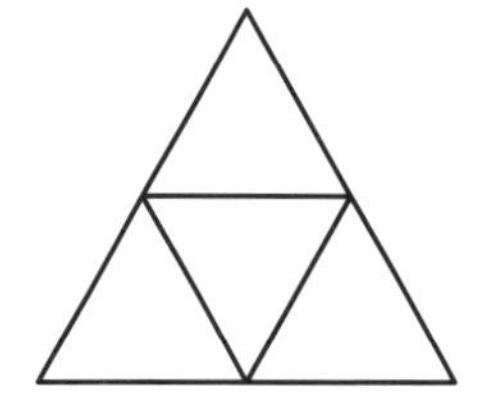

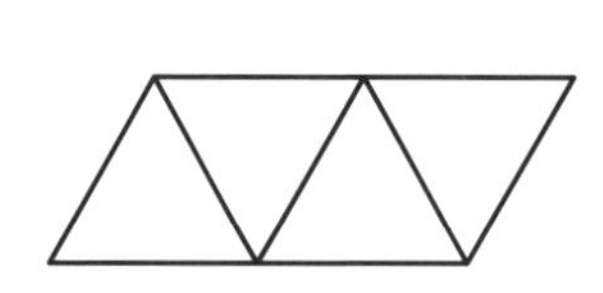

立方体の展開図は11種類ある

立方体の展開図が11種類あることは、すでに確認しましたね。
向かい合う面に同じ色をつけたので、もう一度見ておきましょう。

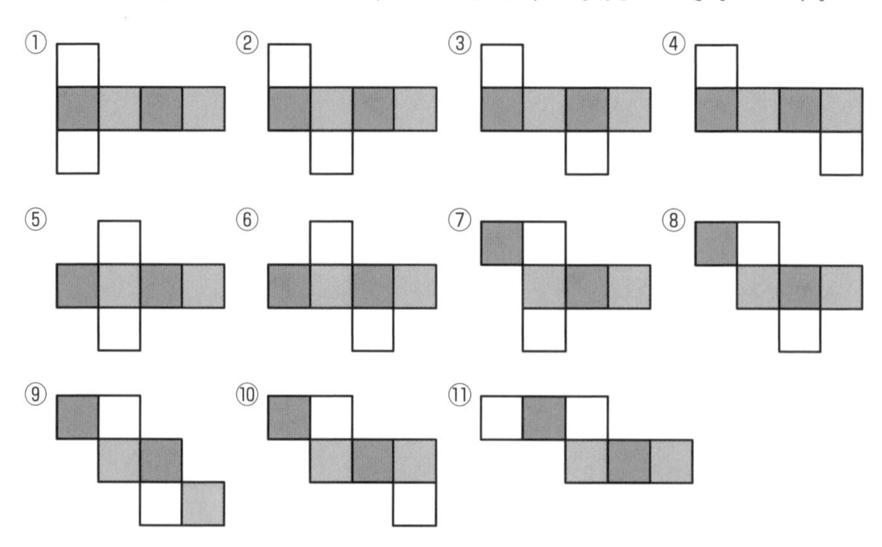

正八面体の展開図も11種類ある

ここまでは、自力で描けるようになってほしい展開図です。じつは、正八面体の展開図も11種類あります。

立方体と同じで、もっとも多く横に並ぶ正三角形の数で分類すると、整理しやすくなります。

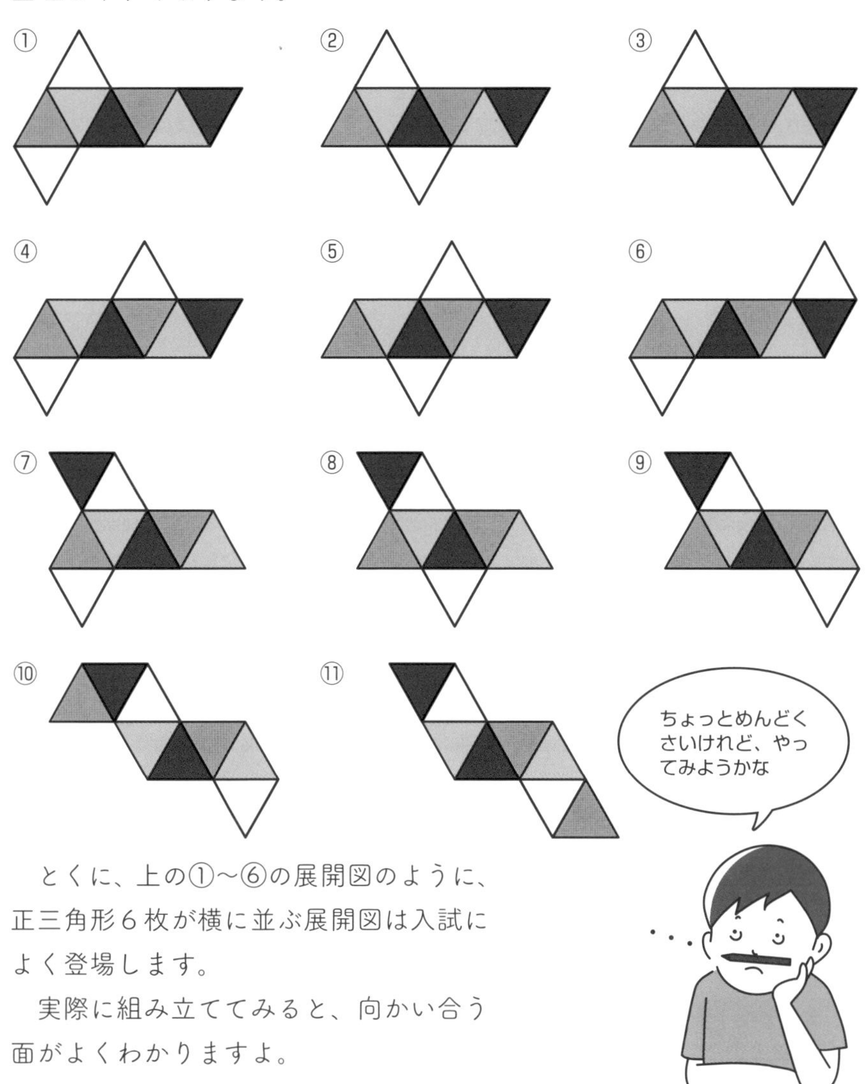

とくに、上の①～⑥の展開図のように、正三角形６枚が横に並ぶ展開図は入試によく登場します。

実際に組み立ててみると、向かい合う面がよくわかりますよ。

正十二面体と正二十面体の代表的な展開図

正十二面体と正二十面体の展開図について、ここでは、代表的なものを２点載せておきます。

正十二面体の展開図は、正五角形の周りに正五角形を５枚並べたものを、２組つなぎ合わせたものがよく登場します。なんだか花びらが並んでいるように見えませんか？

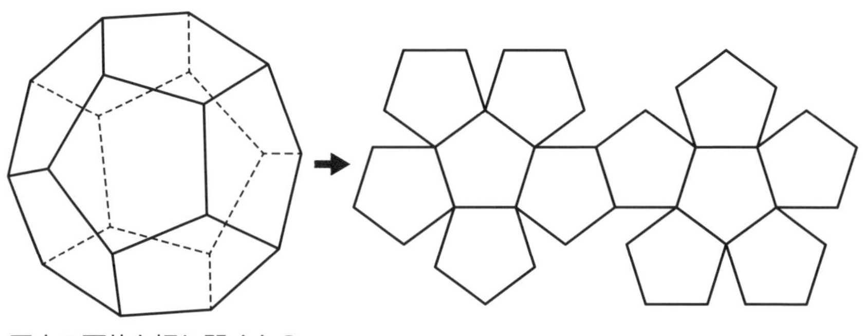

正十二面体を切り開くと？

正二十面体の展開図は、上に５枚、真ん中に10枚、下に５枚の正三角形を並べたものがよく登場します。上下の五角すいを意識すると、イメージしやすいかもしれません。

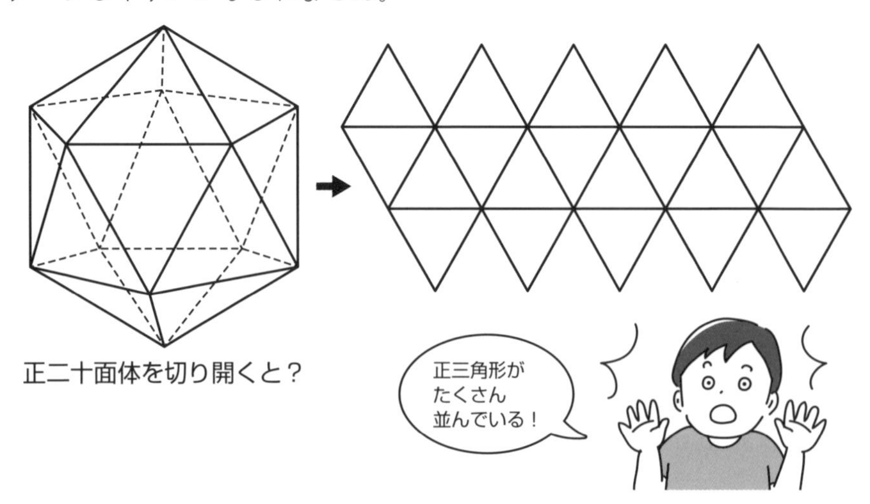

正二十面体を切り開くと？

正多面体に似た立体を覚えよう

サッカーボールは「切頂二十面体」

正多面体に似た図形は、世の中にたくさん存在します。

最後に、その中でも入試によく登場する３つの立体を紹介しておきましょう。

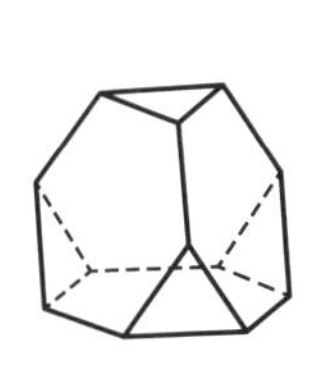
切頂四面体

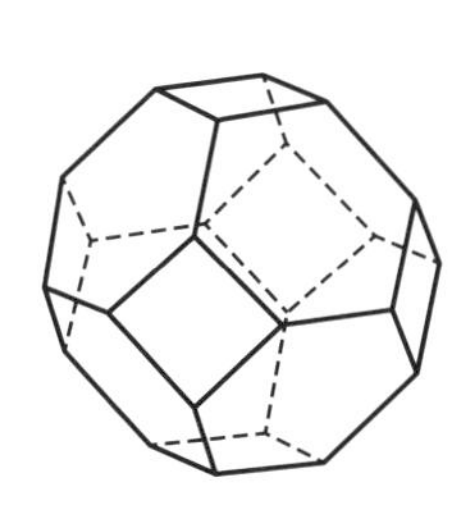
切頂八面体

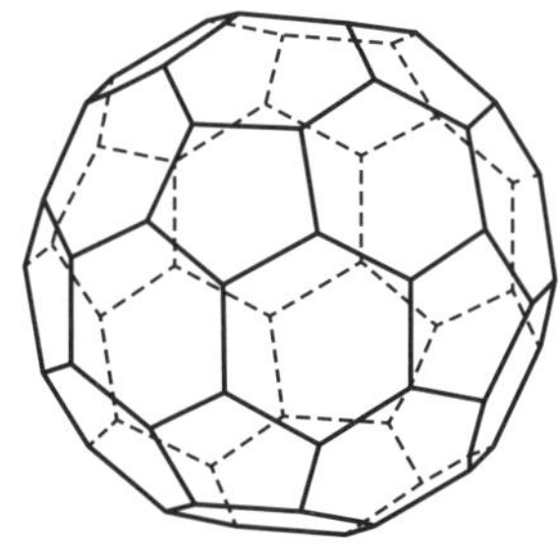
切頂二十面体

正四面体の４個の頂点を切り落とすと、正三角形４枚、正六角形４枚でできた「切頂四面体」になります。

正八面体の６個の頂点を切り落とすと、正方形６枚、正六角形８枚でできた「切頂八面体」になります。

正二十面体の12個の頂点を切り落とすと、正五角形12枚、正六角形20枚でできた「切頂二十面体」になります。

ガッツがある人は、切頂二十面体のサッカーボールの見取り図に挑戦してみてください。

6章のまとめ

- 正多面体は全部で５種類。面の形で整理して覚えよう

面が正三角形

正四面体

正八面体

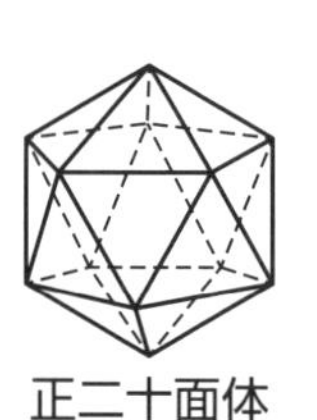

正二十面体

面が正方形

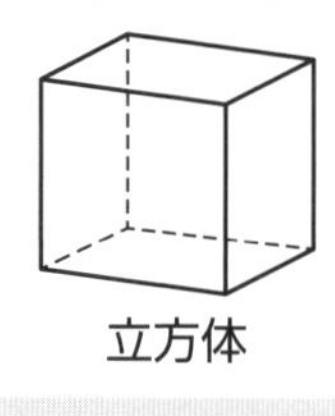

立方体

面が五角形

正十二面体

- 正八面体の展開図は全11種類

全11種類

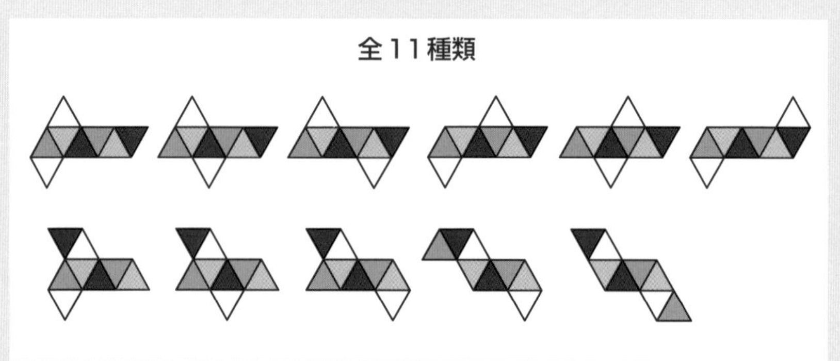

- 正多面体の頂点を切り落とすと、美しい立体ができる

入試問題に挑戦16

図1のような8つの面からなる立体があります。8つの面はすべて同じ大きさの正三角形で、青、赤、白、緑、黒、茶、紫(むらさき)の8色で塗(ぬ)られています。この立体を上から見ると図2のように見え、下から見ると図3のように見え、横から見ると図4のように見えました。この立体の展開図に残り4面の色を書き入れなさい。

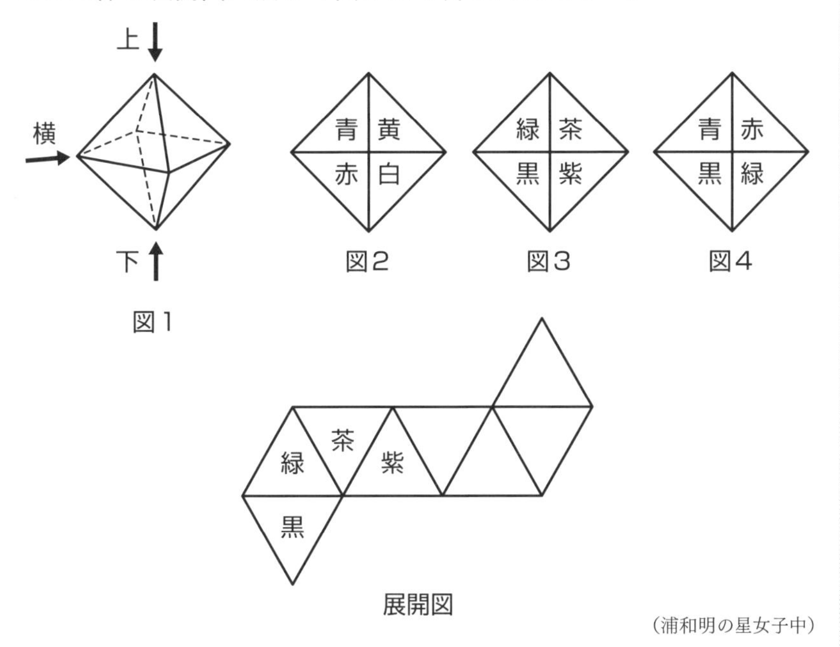

図1　図2　図3　図4

展開図

(浦和明の星女子中)

解説

では、解いていきましょう。まずは、図2、図3、図4を頼りに、見取り図に色を書き込みます。

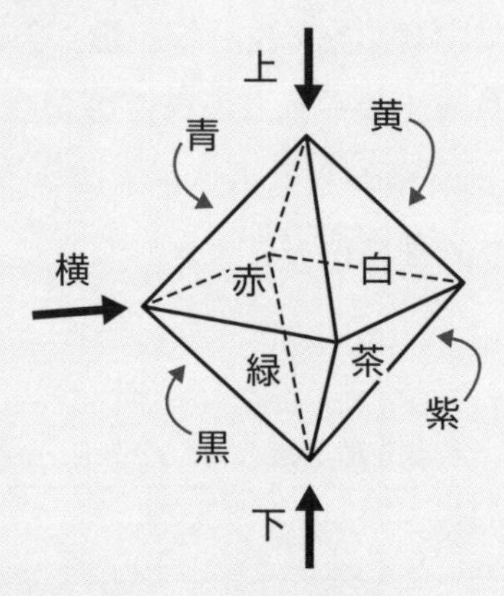

見取り図より、向かい合った面の色は、

赤と紫
白と黒
黄と緑
青と茶

向かい合う面に注意して、展開図に書き込むと、次のようになります。

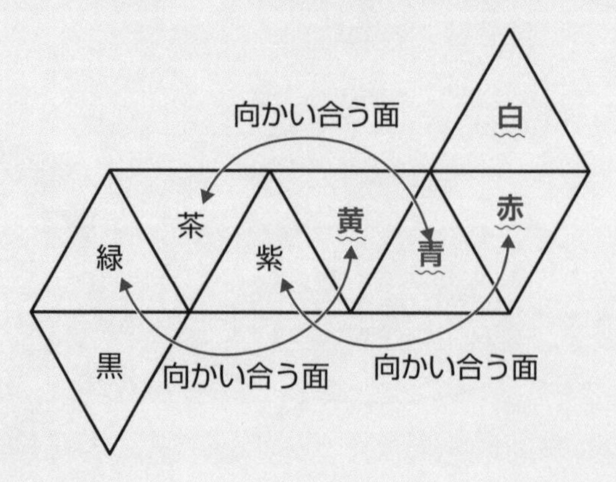

入試問題に挑戦 17

下の図１の立体Ａは、８つの面すべてが正三角形である立体です。この立体Ａから、それぞれの頂点を含む、同じ形、同じ大きさの６つの立体を切り取って、立体Ｂを作ります。図２は立体Ｂの展開図で、正六角形８枚と正方形６枚からできています。
次の問いに答えなさい。

図１

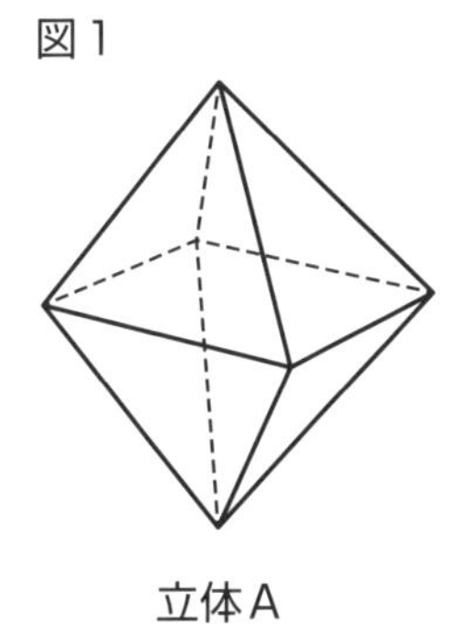

立体Ａ

図２

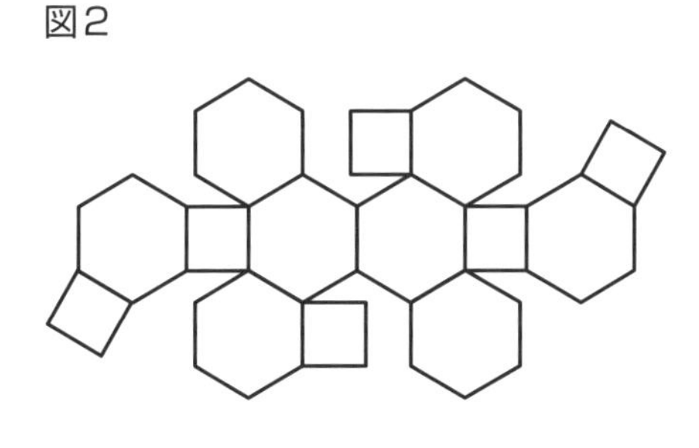

立体Ｂの展開図

（1）立体Ｂの頂点の数と辺の数を答えなさい。

（2）図２の展開図の正六角形１枚の面積は、立体Ａの表面積の何倍ですか。

（3）立体Ｂの体積は立体Ａの体積の何倍ですか。

（渋谷教育学園渋谷中）

切り取られたことで、正三角形の面はどんな形に変わったかチェックしてみましょう

解説

(1)立体Bの展開図から、1つの頂点に正六角形2枚、正方形1枚で合計3枚の面が集まることがわかります。

展開図には、正六角形が8枚、正方形が6枚あるので、すべての面をバラバラにして考えると、頂点の数も辺の数も、6×8＋4×6＝72になります。
よって、組み立てると、頂点の数は72÷3＝24個、辺の数は72÷2＝36本となります。

補足ですが、展開図を組み立てると、右の図のような立体になります。実際に正八面体を切り取った見取り図を描いてみても、1つの頂点に3枚の面が集まっていることがわかります。

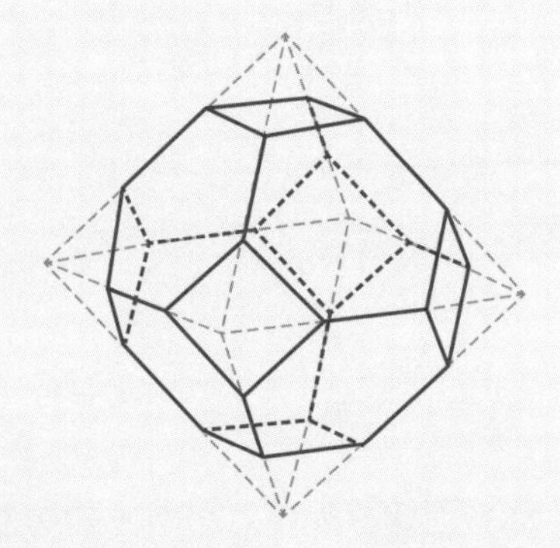

(2)立体Aの正三角形と立体Bの正六角形を比べると、下の図のようになります。

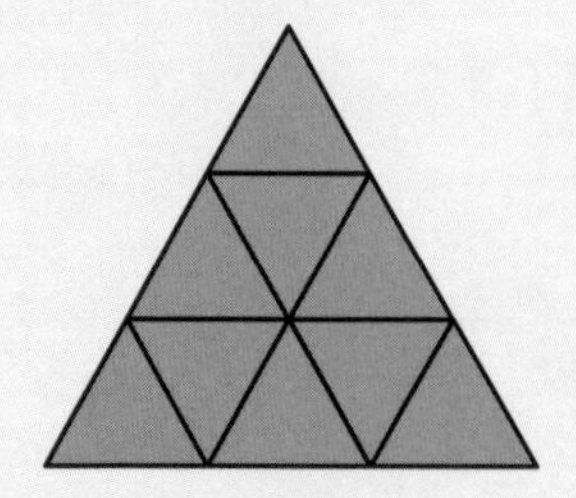

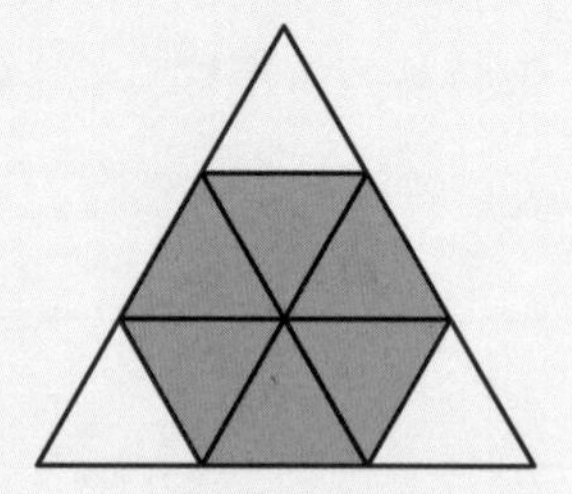

上の図から、面積比は、3：2だということがわかりました。正六角形1枚の面積を2とすると、立体Aは面積3の正三角形8面でできているので、表面積は3×8＝24
よって、$2\div24=\frac{1}{12}$倍と求められます。

(3)正八面体を半分にした四角すいに注目すると、四角すいの上から$\frac{1}{3}$の高さで四角すいを切り取ることになります。長さが$\frac{1}{3}$倍になると、体積は$\frac{1}{3}\times\frac{1}{3}\times\frac{1}{3}=\frac{1}{27}$倍になるので、

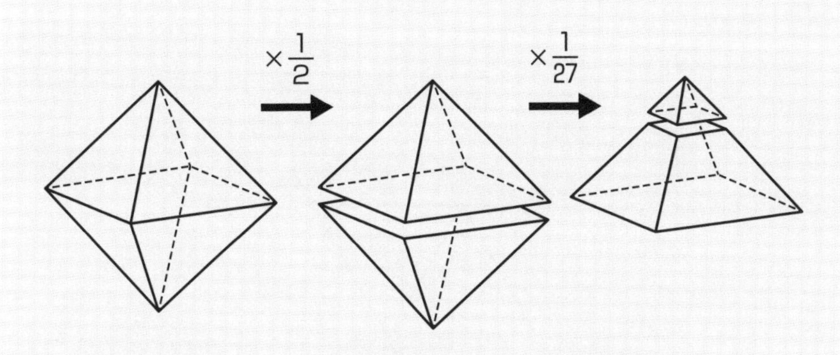

切り取った四角すい１つの体積は、立体Ａの体積の

$\frac{1}{2}\times\frac{1}{27}=\frac{1}{54}$倍になります。

よって、立体Ｂの体積は立体Ａの体積の$\frac{1}{54}$倍の四角すいを６個切り取ったものになり、

$1-\frac{1}{54}\times6=\frac{8}{9}$倍となります。

入試問題に挑戦18

図は正八面体の展開図で、各面の正三角形の面積は10㎠です。図の３点A、B、Cは各辺のまん中の点です。この３点を通る平面で正八面体を切ります。

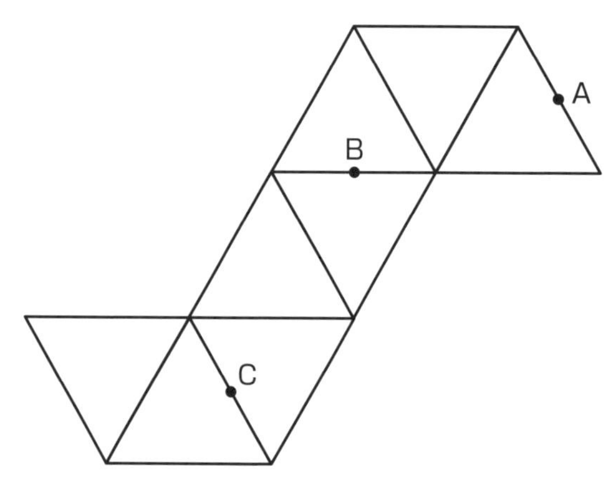

（1）切り口はどのような図形ですか。

（2）上の展開図に切り口の辺を記入しなさい。

（甲陽学院中・一部省略）

問題文の「各面の正三角形の面積は10㎠です」は一部省略した（3）の問題を解く時に必要な情報なので、今回は気にせず解いてくださいね

(1)まず、どの辺とどの辺が重なるか確認します。

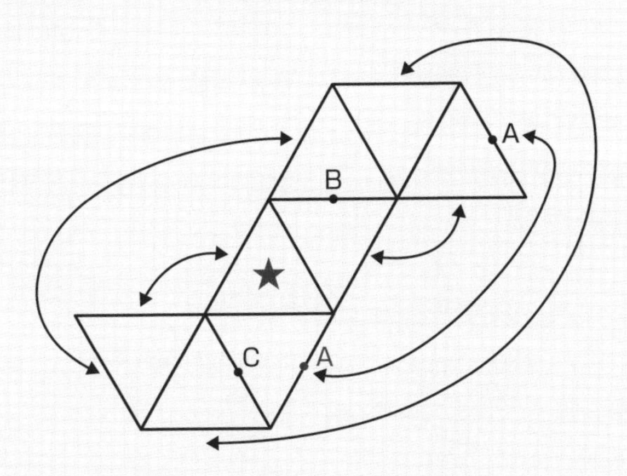

Aを移動させたことで、★印をつけた面の近くに3点A、B、Cが集まったので、★印の面を底面として、正八面体を真上から見た図を描いてみましょう。

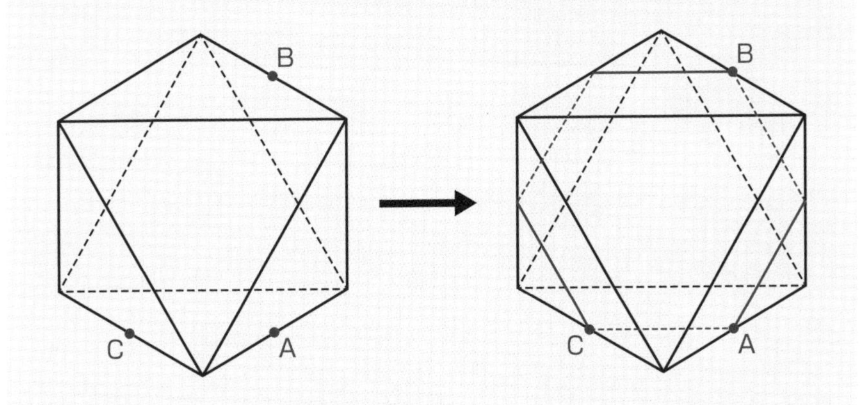

3点A、B、Cはすべて底面から同じ高さにあります。3点を通る平面で切ると、切り口は上の右図のように正六角形となります。

(2) ★と向かい合う面を☆とします。
まずは、★と接する３面に線を書き、次に☆と接する残りの３面に線を書き込むとわかりやすいですよ。辺と辺の重なりに注目しながら結ぶと、次のように完成させることができます。

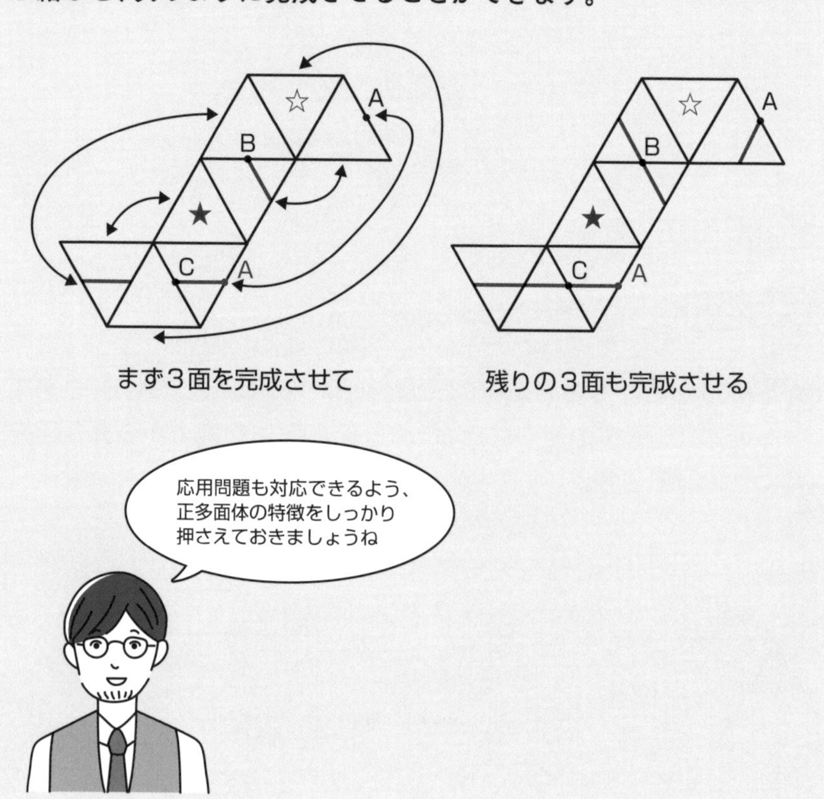

まず3面を完成させて

残りの3面も完成させる

第 7 章

立体図形の切断と共通部分をつかむ

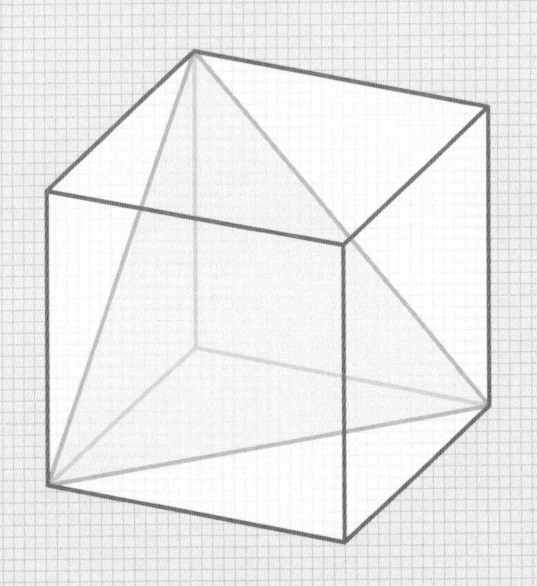

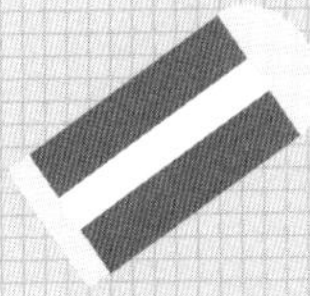

立体図形の切断も、まずは「描くこと」から

今日は立体図形の切断を勉強しましょう。ここに包丁があるとします。

切断とか包丁と言われると、なんだか怖いなぁ…。

フフフ、心配しなくてもいいですよ。包丁で豆腐を切ることをイメージしましょう。その時に、どんな切り口になったり、どんな立体になったりするのかを考えればいいのです。

最終章だから、さすがに難しいことをするんだ!

「立体図形は難しい」とか、「立体図形はセンス」なんて言われることもありますが、そんなに難しいことはありませんよ。
具体的な手順を学べば、誰でもある程度の問題は解けるようになるものなんです。
ところでまなぶ君、豆腐を切るとどんな切り口ができると思いますか?

う〜ん…。正方形や長方形かなぁ。豆腐って、それ以外の切り方はしないような…。

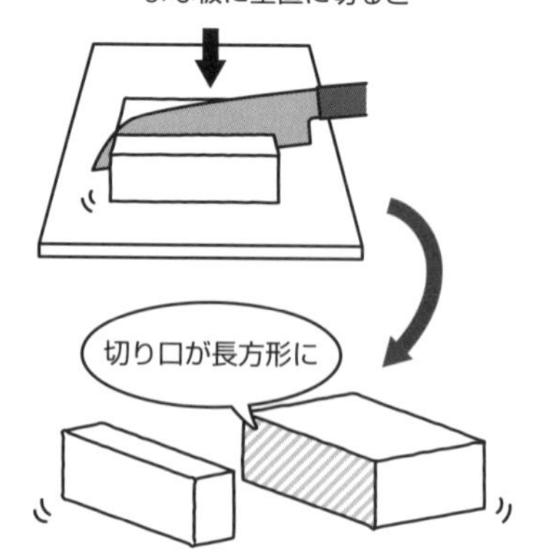

ま、まあそうですね。仮にいろいろな切り方があるとして考えてみましょう。たとえば、斜めに切ったらどうですか?他にも切り口はできますよ。

それなら、三角形ができるかも!

7 立体図形の切断と共通部分をつかむ

そう、いいですね！ 三角形、四角形は見つけましたね。五角形、六角形はどうですか？

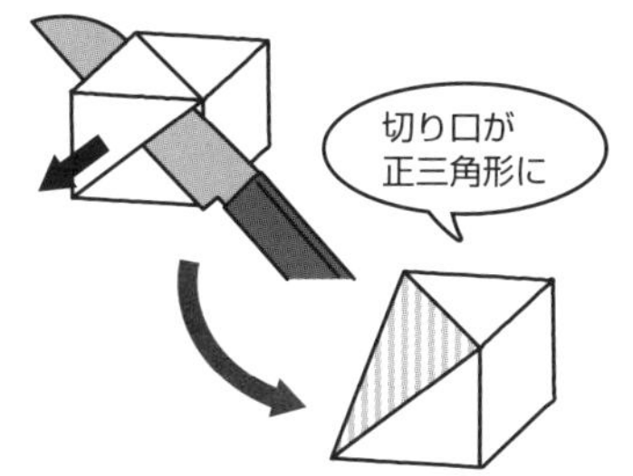

え〜っ!? それはさすがに想像できないなぁ。

そう簡単にあきらめないで考えてみましょう。では、わかりやすく立方体の図を描きます。先ほど、切り口が正三角形になりましたね。同じように斜め（なな）に切り口を入れていくのですが、ちょっとずらしてみると…。

あっ、できるかも!? じゃあ、ちょっと描いてみます。

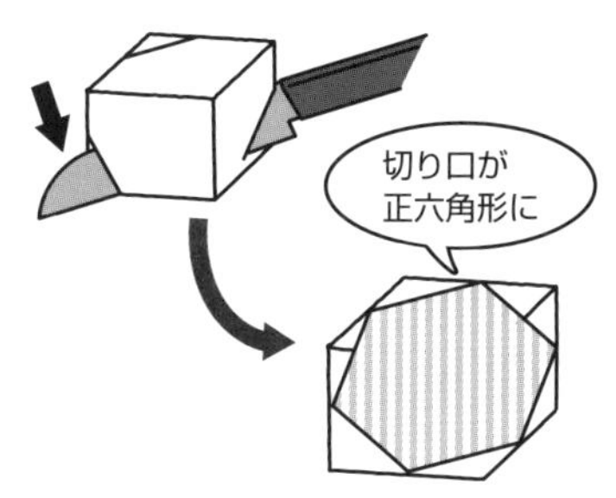

素晴らしい！ そうなんです。まず美しい図形から考えていくと、見えてくることがあります。そして手を動かすこと。描いてみないと、上達しないものです。
「物事をスタートさせる方法は、話すことを止めて、とにかく手を動かすことだ」。これはウォルト・ディズニーの言葉です。

先生、ここまで結構いいことを言っていたけれど、偉人が残した名言だったのか…。

さあ、それではもう1問。七角形はどうでしょうか。

七角形ですか。六角形でもやっと見つけたくらいなのに…。う〜ん、どうしてもできないなぁ。悔しいなぁ。

では最終章で、一緒に考えていきましょう。

立方体の切断部分を考えよう

立方体の切り口を考えてみよう

いよいよ、最後の章になりました。ここでは、立体図形の切断について学んでいきます。

切断の問題は、どう解くかがはっきりしていることが多く、それさえ押さえれば大丈夫です。

まずは、もっとも基本的な立体図形である立方体の切断について考えましょう。

例題12

立方体をある１つの平面で切断したとき、切り口が七角形になることはありません。その理由を説明しなさい。

（栄東中）

いきなり「難しい」と思われそうな問題ですね。でも、暗記に頼ることなくまずは考え方を理解してほしいので、この問題から始めます。

立方体の切り口がどんな形になるかを考えてみましょう。

切り口が三角形になるパターン

まずは、もっとも簡単な三角形について。

三角形の中でも、正三角形と二等辺三角形はよく登場します。これらはきっとイメージしやすいでしょう。

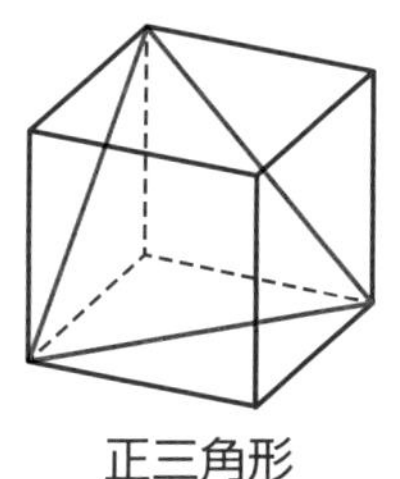

正三角形

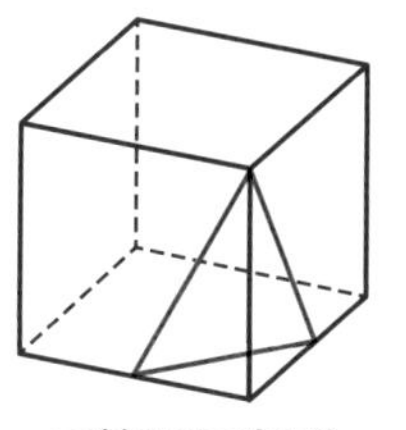

二等辺三角形

とくに正三角形は、立方体の３つの頂点を結ぶことで描けますが、どんな向きで登場しても、正三角形だとわかるようになりましょう。

次のように、頂点を結ぶことで８パターンの正三角形が描けます。

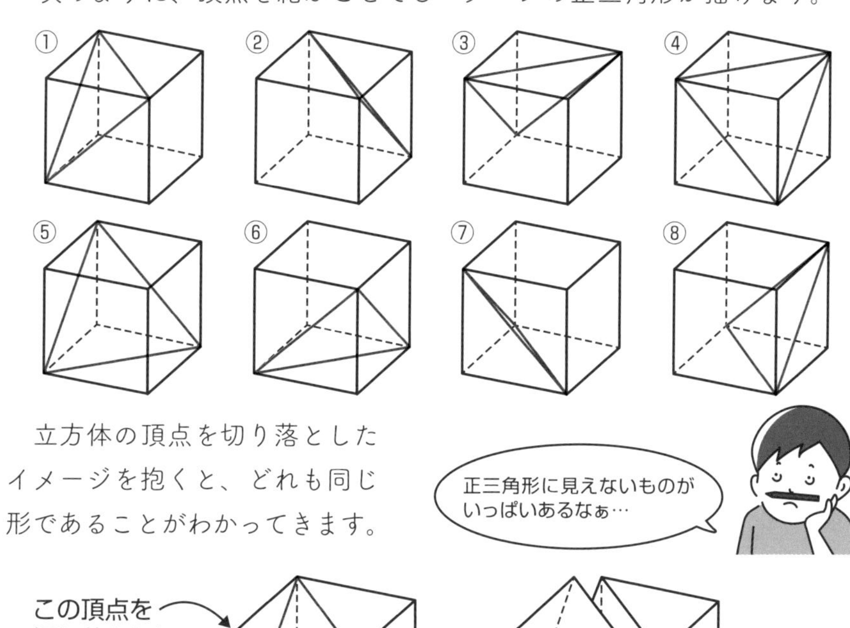

立方体の頂点を切り落としたイメージを抱くと、どれも同じ形であることがわかってきます。

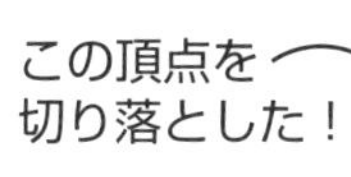

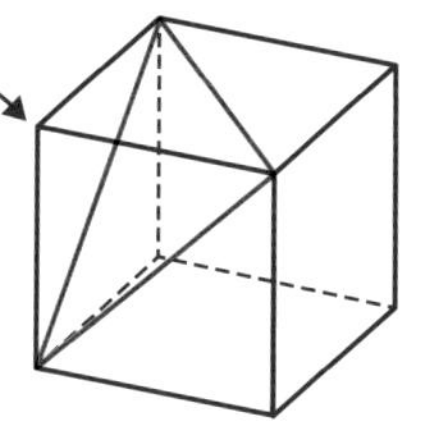

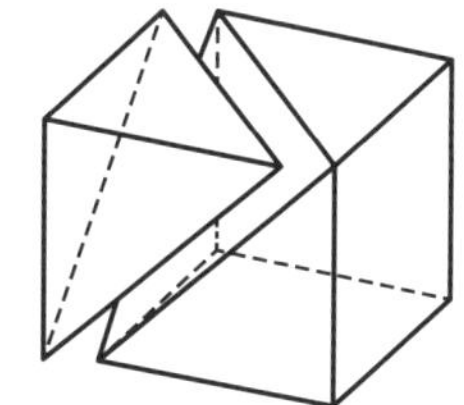

立方体を切断していろいろな四角形を描いてみよう

次は、四角形です。

面と平行に切断すると、切り口が正方形になることがイメージしやすいでしょう。

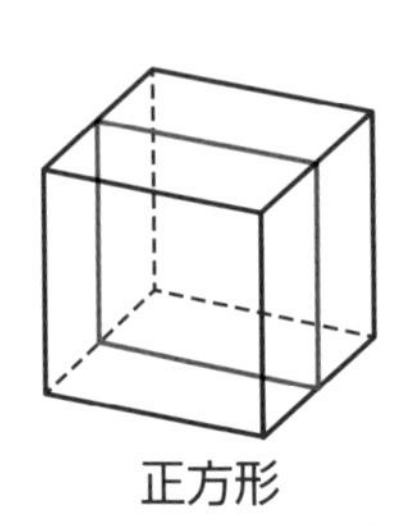

正方形

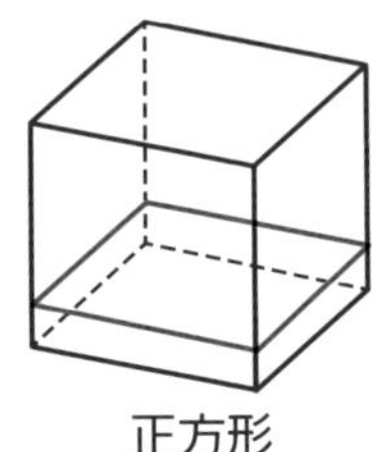

正方形

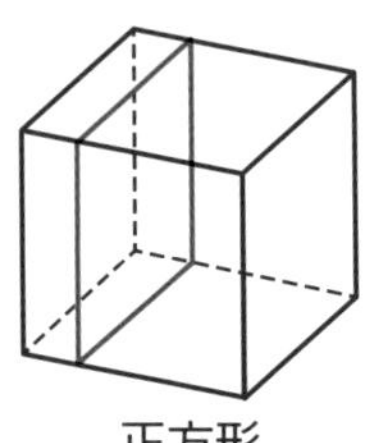

正方形

正方形を少しだけ斜め（なな）にずらすと、長方形になる様子もイメージできるといいですね。

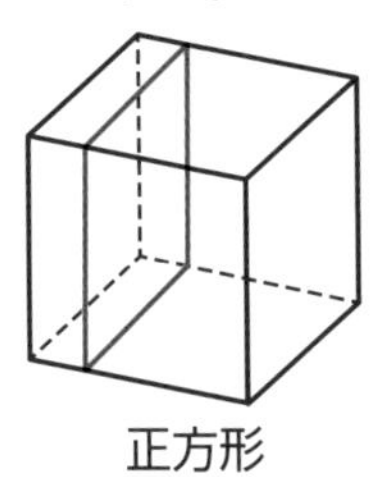

正方形

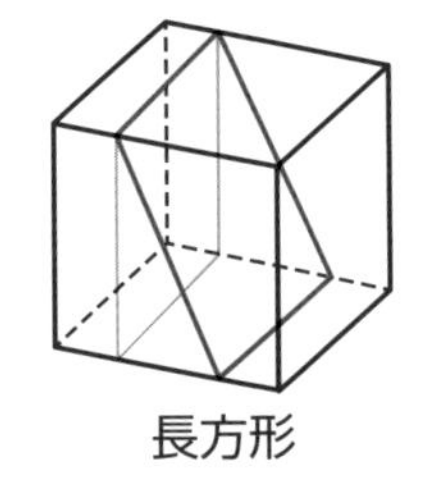

長方形

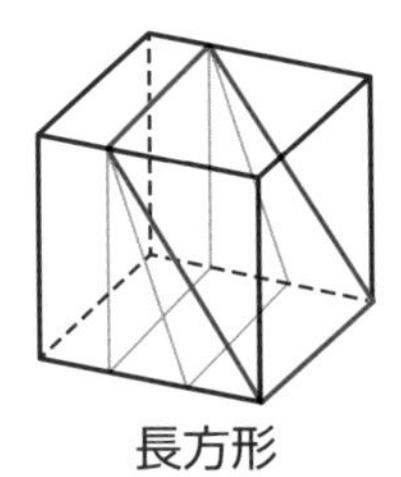

長方形

さまざまな四角形の種類を知っておこう

さらに、立方体の辺と平行にならないように斜め（なな）にすることで、「ひし形」や「平行四辺形」や「台形」の切り口をつくることができます。台形については、切り口としてよく登場する左右対称（たいしょう）な「等きゃく台形」を見ておきましょう。

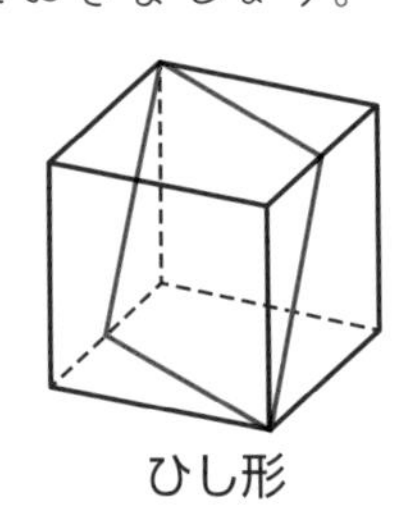

ひし形

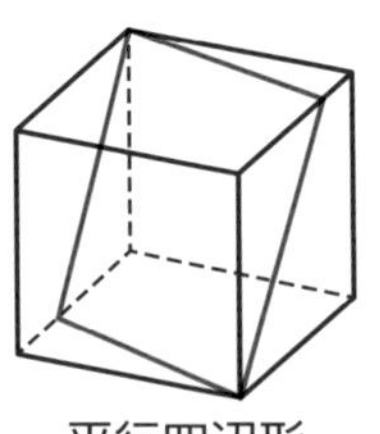

平行四辺形

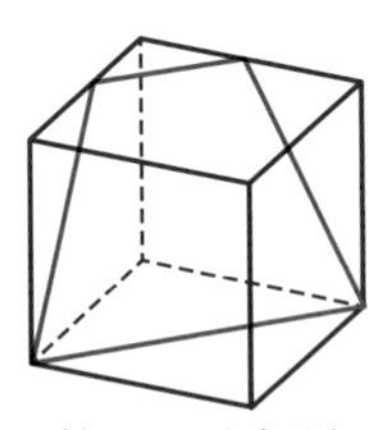

等きゃく台形

実際に目で見るからこそ、理解が深まることもあります。子どもだけで扱うのは危険ですが、立方体の形をした発泡スチロールとスチロールカッターを使って、実際にいろいろな切り口を試してみるのもおすすめですよ。

切り口が五角形になるパターン

今度は、五角形について見ていきましょう。

５つの面を通るように切断することで、切り口を五角形にすることができます。

五角形

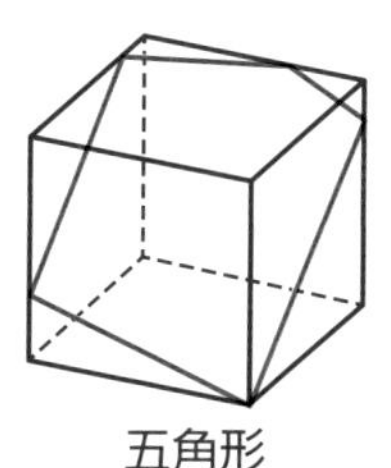
五角形

五角形の切り口は、三角形や四角形をイメージして考える

五角形は、三角形や四角形（平行四辺形）の一部だという感覚が大切です。切り口の線を延長することで、次のような図形が想像できるといいですね。

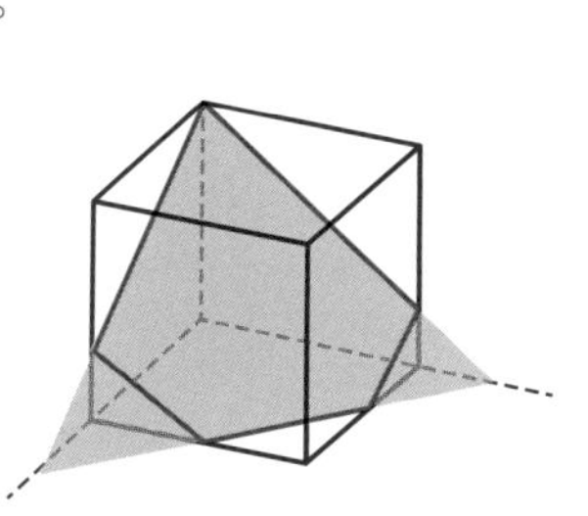

複雑な形があったら、背後に隠れた簡単な形、美しい形を探すのは、平面図形でも立体図形でも変わりません。「角(つの)を生やす」なんて言い方をする先生もいますよ。

切り口が六角形になるパターン

最後に、六角形について。

６つの面を通るように切断することで、切り口を六角形にすることができます。

ここでは、六角形の中でももっともよく登場する、正六角形を紹介します。

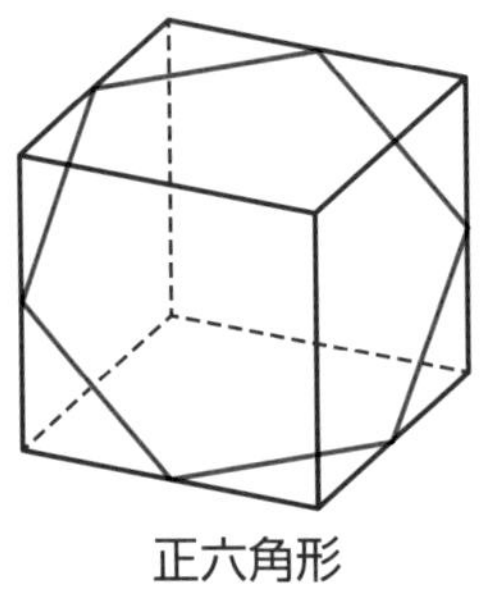

正六角形

図のように、辺の中点を結ぶことで、正六角形の切り口をつくることができます。

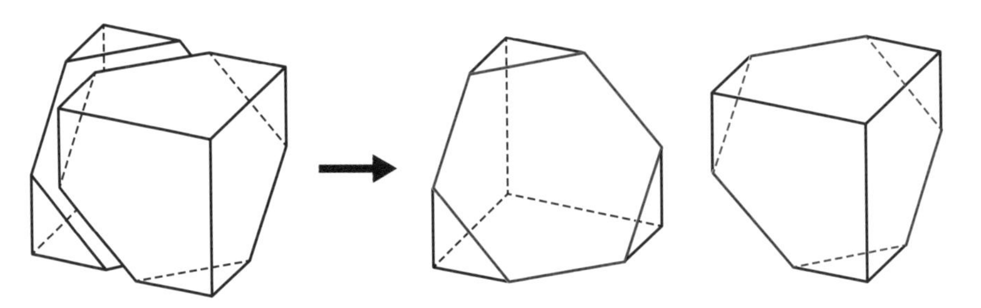

この時、2つの等しい図形に分けられたということを覚えておいてください。体積を計算する時に必要です。

さて、ここまで読めば、切り口が七角形にならないのはわかりましたよね？

立方体には面が6個しかないので、すべての面を切断した時に切り口は最大でも六角形になります。

それぞれの面に切り口ができたとしても、全部で6個まで。ですから、七角形になることはないのです。

立方体の中の平行な切り口をイメージしよう

立方体を平行に切断してみよう

立体の中で、平行な平面としてイメージできていたほうがよいものがあります。わかりやすいように、各辺を6等分した目盛りをつけた立方体を用意しました。

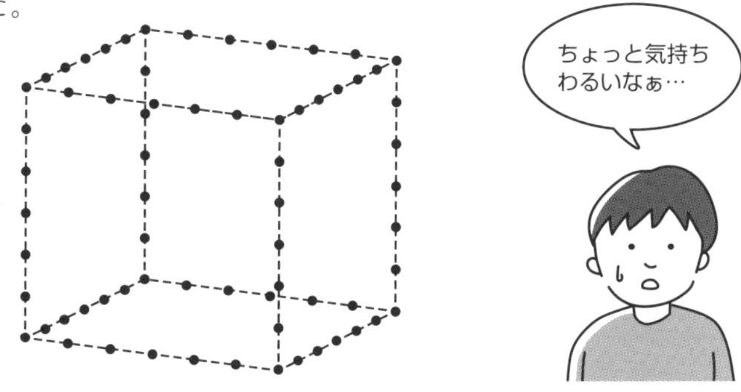

五角形と正六角形について、それぞれ平行な平面を並べておくので、イメージできるようになりましょう。

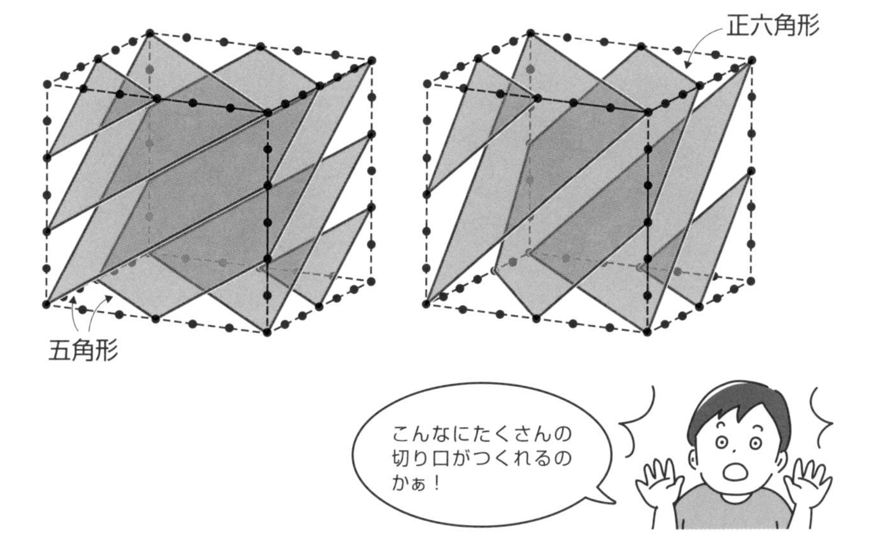

立体の共通部分を知っておこう

立体の中で重なる形をイメージしてみよう

切断を応用した問題に、立体と立体の重なりを考える問題があります。問題によっては、重なった部分がどのような形をしているか、イメージしづらいものも少なくありません。

直方体と直方体が重なった見取り図を描く

たとえば、次のような問題であれば、重なった部分はイメージしやすいのではないでしょうか。

例題13

1辺が1cmである立方体を27個すき間なく積み重ねてつくった立方体があります。影(かげ)をつけた3つの部分をそれぞれ向かい側までまっすぐくり抜きました。残った部分の体積を求めなさい。

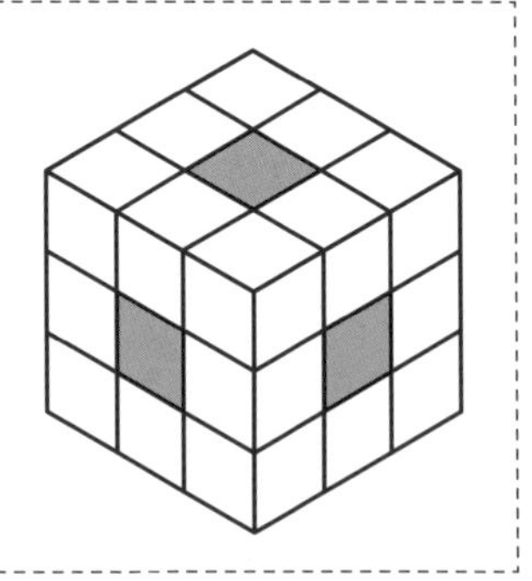

くり抜かれた部分がどのような形になるかイメージできましたか？

この例題のような「くり抜かれた部分」の立体は、中学入試でよく登場します。立方体の見取り図をスラスラ描けるようになっていれば、立方体を組み合わせた図形の見取り図を描くことも難しくないはずです。

さっそく、この「くり抜かれた部分」の立体の見取り図を描いてみましょう！

どうですか？ ３本の直方体が重なった複雑な図形ではありますが、立方体が並んでいる様子をイメージできれば、見取り図を描けたのではないでしょうか。

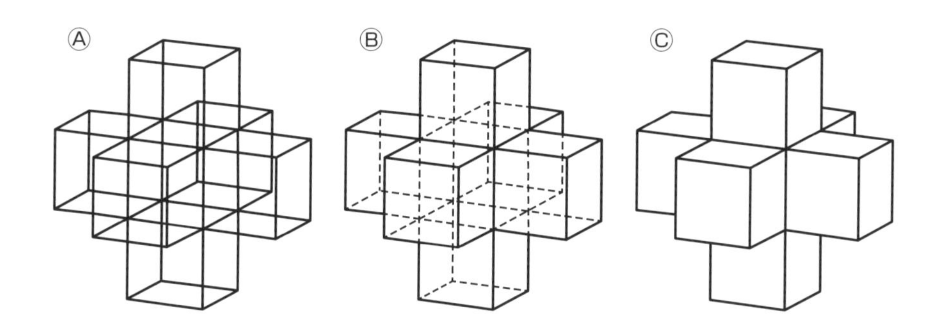

３種類の見取り図を用意しました。

慣れるまでは、Ⓐの図のように、立方体の見取り図を実線で並べたものが描きやすいかもしれません。慣れてくれば、Ⓒの図のように見える線だけを実線で描くこともできるでしょう。

素早く図を描いて、イメージの手がかりにすることが大切です。今回は、このように中央の立方体で３つの直方体が重なっているような立体でした。

全部で７個の立方体がくり抜かれたことになるので、残っているのは、27－7＝20個分ということになります。

よって、例題の答えは**20㎤**です。

三角柱が重なり合う形を考えてみよう

直方体と直方体の重なりはイメージしやすかったと思いますが、次のような問題はどうでしょうか。

例題14

図1のような三角柱を2つ組み合わせて、図2のような立体をつくりました。この立体の体積を求めなさい。

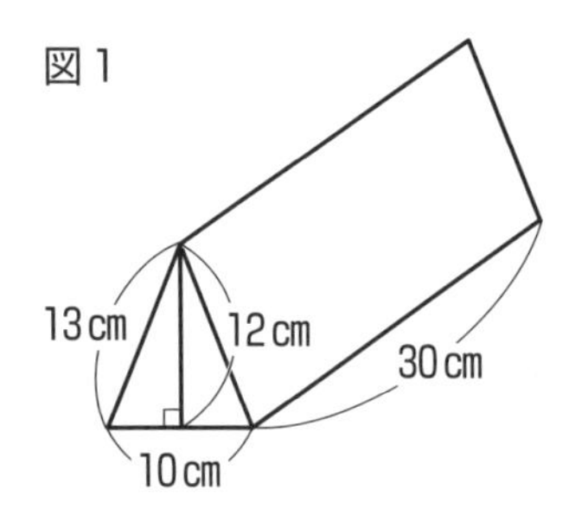

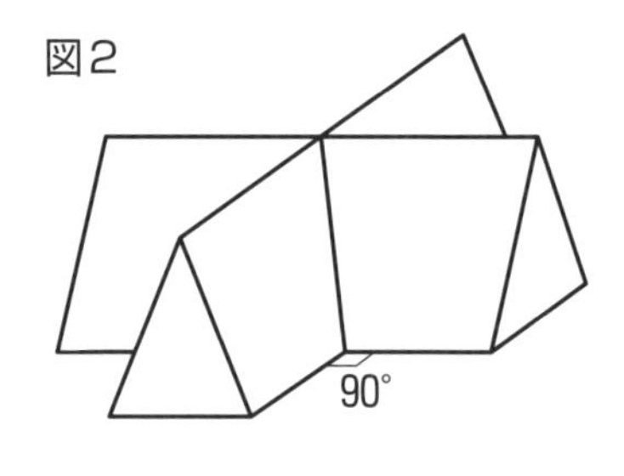

立体として考えることが難しい時には、平面で考えましょう。立体と立体を重ねるのは難しくても、平面と平面を重ねるのは難しくないはずです。

まずは、一番下にある長方形の面に注目します。

真ん中に1辺の長さが10cmの正方形が重なるのはすぐにわかるでしょう。

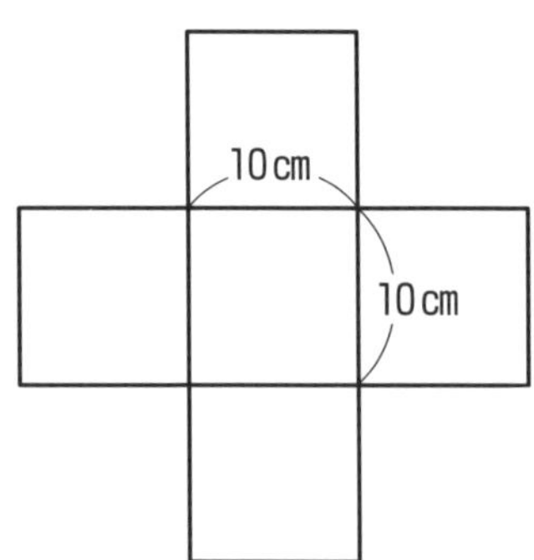

では、注目する平面を少しずつ上に動かしていきましょう。

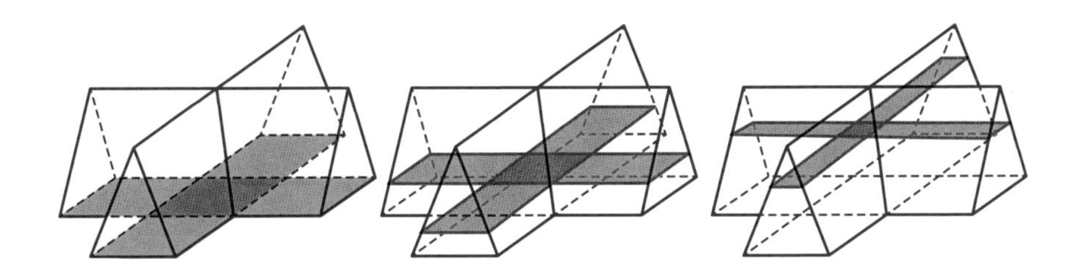

重なっている部分の正方形が少しずつ小さくなっていくことがわかりますか？

そうすると、重なっている部分の形が「四角すい」であることがわかったのではないでしょうか。２つの三角柱の体積を足して、真ん中の四角すいの体積を引けば、体積を求めることができます。

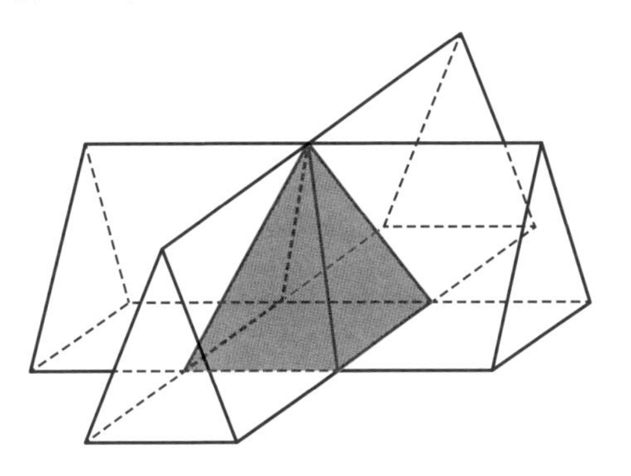

三角柱の体積が、10×12÷２×30＝1800㎤

四角すいの体積が、10×10×12÷３＝400㎤

よって、1800×２－400＝**3200㎤**となります。

7章のまとめ

- 立方体を切断すると、切り口として三角形、四角形、五角形、六角形ができる。代表的な切り口はしっかりとイメージできるようになろう

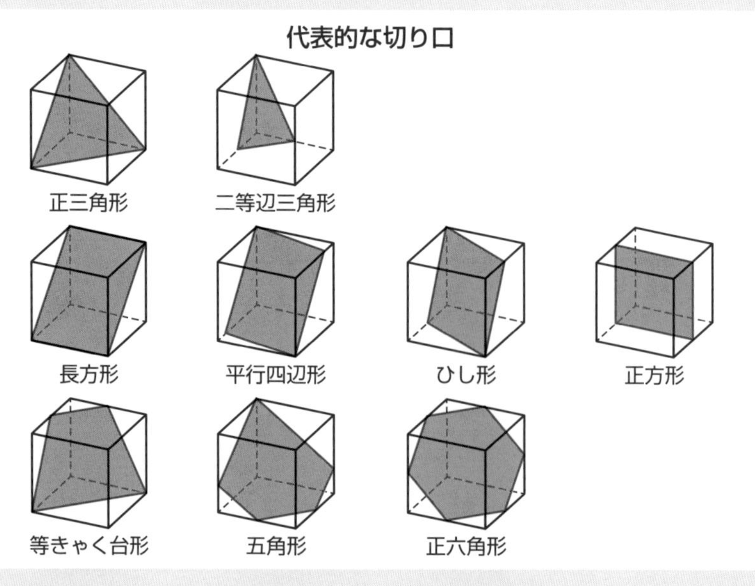

- 立方体の切り口には平行であることがイメージできたほうがよいものがある

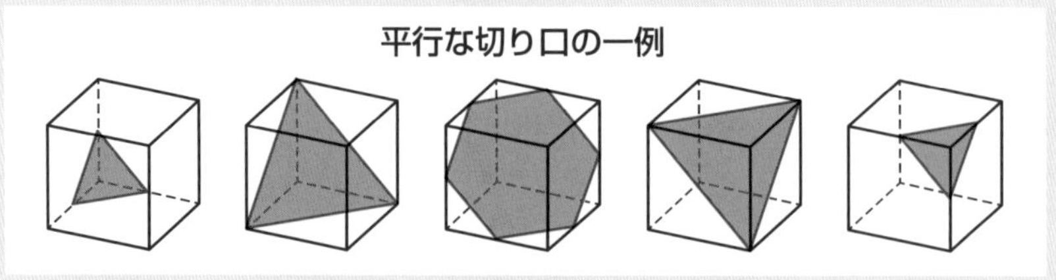

- 立体と立体の重なりを考える時は、平面に注目して考えるとよい

入試問題に挑戦19

図のような1辺の長さが6㎝の立方体ABCD-EFGHがあります。辺AD、CDを2等分する点をそれぞれM、Nとします。3点F、M、Nを通る平面でこの立方体を切断し、その切り口をSとします。このとき、次の問いに答えなさい。
ただし、角すいの体積は、(底面積)×(高さ)×$\frac{1}{3}$で求められます。

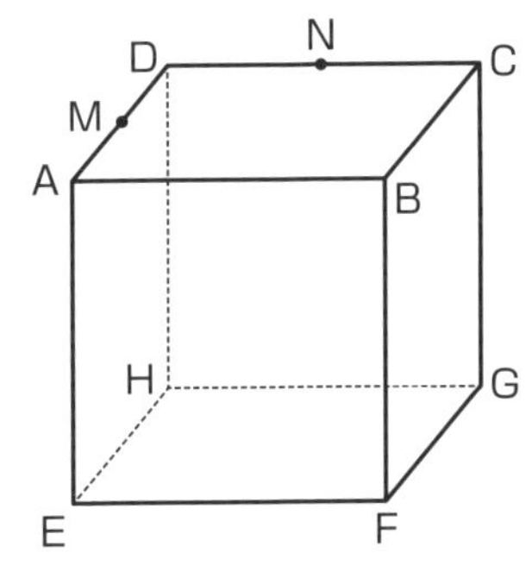

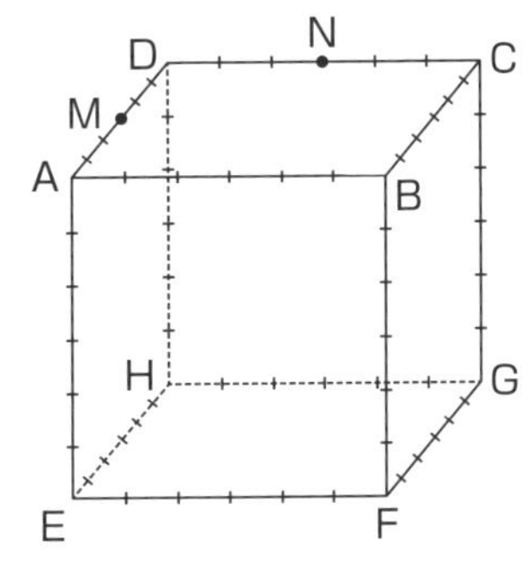

(1) 切り口Sの辺を図に書き入れなさい。ただし、切り口の辺以外のものは書いてはいけません。

(2) 切り口Sによって、立方体ABCD-EFGHは2つの立体に分割されます。この2つの立体のうち、点Bを含(ふく)む方の立体の体積は何㎤ですか。ただし、考え方や式も書きなさい。

(3) 点Dを通り、切り口Sに平行になるようにもう一度この立方体を切断し、その切り口をTとします。2つの切り口SとTにはさまれた立体をVとします。このとき、立体Vの体積は何㎤ですか。

(浅野中)

順に解説していきましょう。

(1)MNを延長し、AB、BCとの交点をⅠ、Jとします。それぞれをFと結べば切り口が完成します。

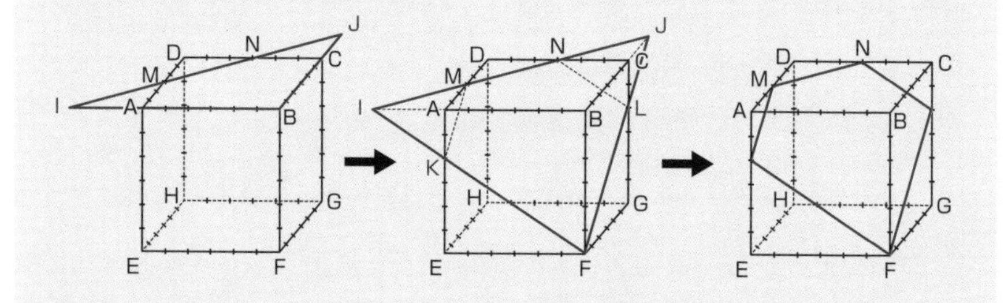

(2)IFとAEの交点をK、JFとCGの交点をLとすると、三角すいF-IBJから三角すいK-IAMと三角すいL-NCJを引くことで体積を求められます。

三角形DMNが直角二等辺三角形であることから、次の図のように、IA＝MA＝NC＝JC＝3㎝、IB＝JB＝9㎝となります。

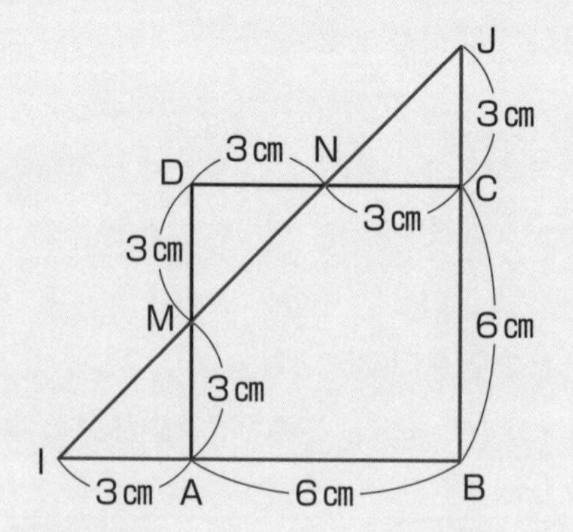

三角すいF-IBJの体積は

$9 \times 9 \div 2 \times 6 \div 3 = 81$㎤

三角すいK-IAMと三角すいL-NCJの体積はともに

$3 \times 3 \div 2 \times 2 \div 3 = 3$㎤

よって、求める体積は、$81 - 3 \times 2 =$ **75㎤**

(3)対称性(たいしょうせい)から、Dを通りLに平行な面は、次のようにLと合同な五角形になります。

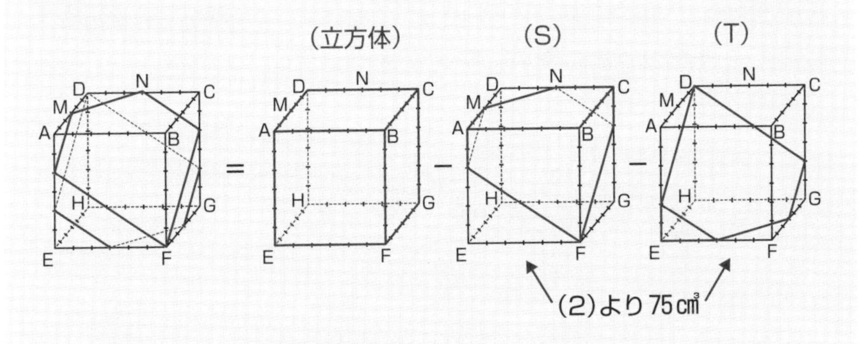

立方体の体積から、(2)で求めた立体を2つ引くと、

$6 \times 6 \times 6 - 75 \times 2 =$ 66㎤となります。

〈入試問題に挑戦 20〉のような、上下の面を細かい正方形に分けて傾いた角柱をつくる問題は、難関校でよく出題されます。

立体と立体の重なりを考える問題は、切断に関する問題の中でも応用的なテーマになるので、押さえておきましょう。

入試問題に挑戦20

1辺が9㎝の立方体の上下の面に図のように3㎝間隔の線を引きました。このとき、次の問いに答えなさい。

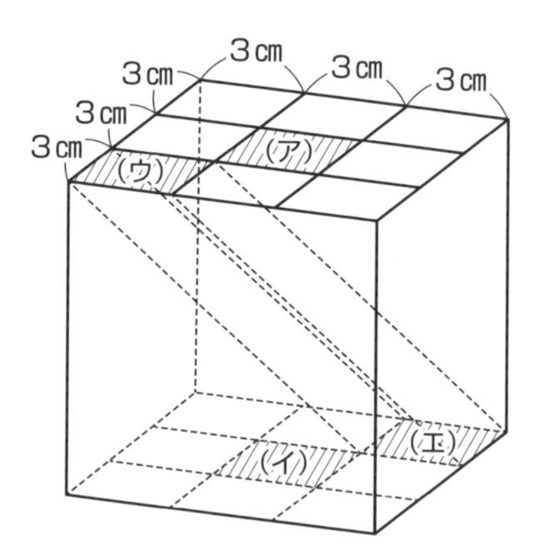

(1) 斜線部(ア)と(イ)を上下の面としてもつ直方体の体積は何㎤ですか。

(2) 斜線部(ア)と(イ)を上下の面としてもつ直方体と、図のように斜線部(ウ)と(エ)を上下の面としてもつ立体を作りました。2つの立体が重なった部分の体積は何㎤ですか。

(本郷中)

(1)でわざわざ直方体の体積を求めさせるということは、(2)で2つの立体を重ねる時に、(1)で求めた直方体のほうを基準にすると考えやすそうですね

解説

順に解説していきましょう。

(1)(ア)と(イ)を上下の面として持つ直方体の体積は、

　3×3×9＝81㎤となります。

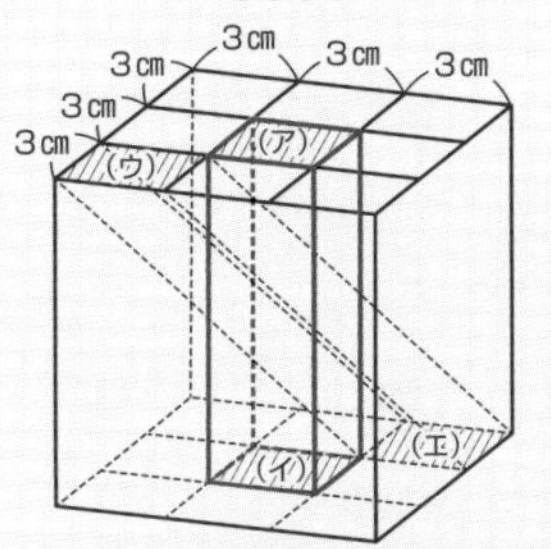

(ア)と(イ)を上下の面として持つ直方体

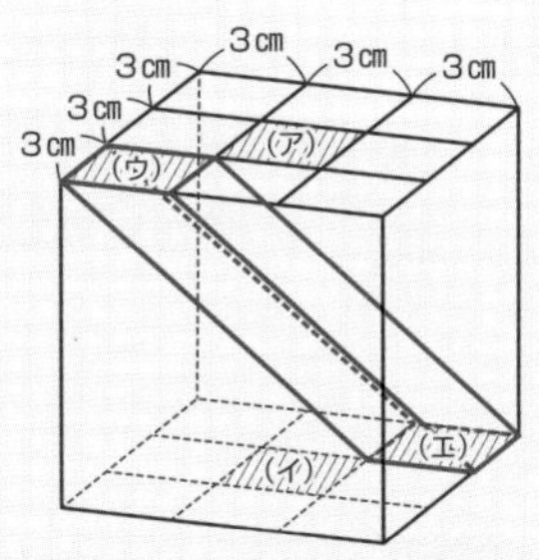

(ウ)と(エ)を上下の面として持つ直方体

この時、(ウ)と(エ)を上下の面として持つ立体の体積も同様に81㎤となります。3×3＝9㎠の正方形が9㎝積み重なっているイメージを持つといいですね。

(2)(ウ)と(エ)をつなぐ4つの面を拡張すると、次の図のようになります。

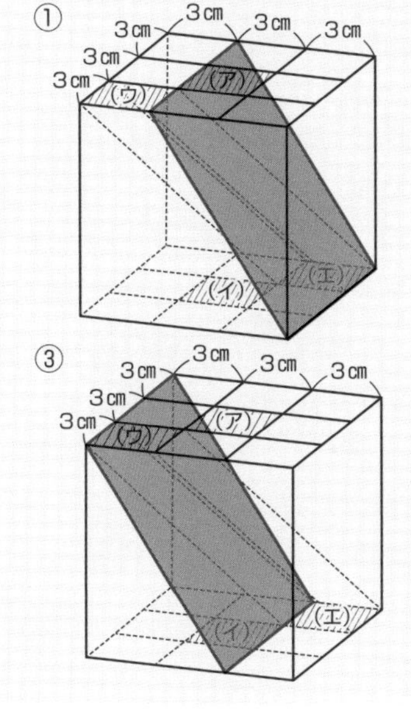

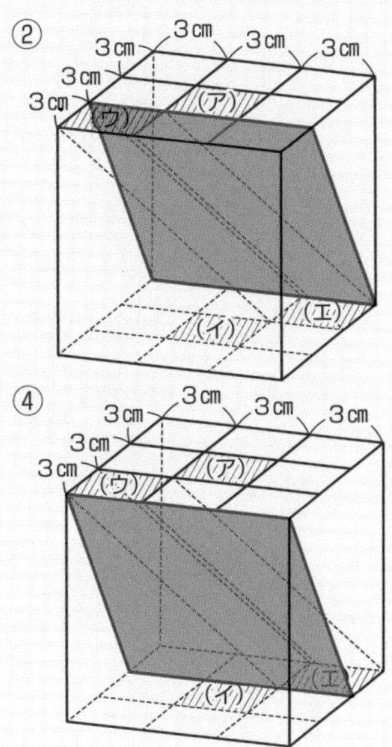

(1)で求めた直方体に注目すると、直方体が次の４つの面で切断されたと考えることができます。

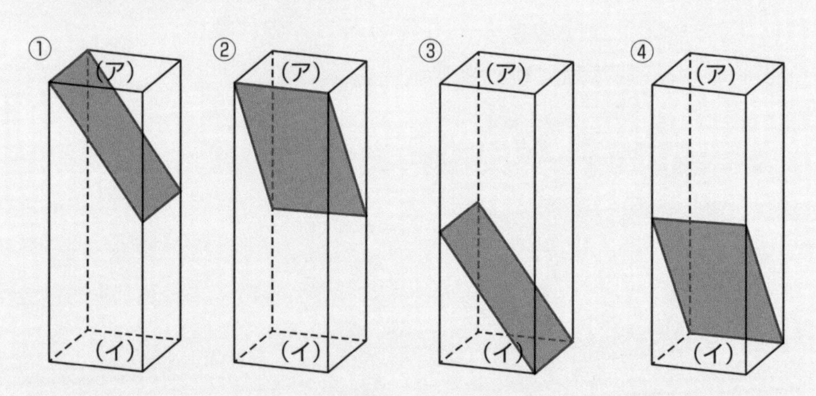

直方体を上の４つの面で切断すると、次の図のように四角すい２つを上下に重ねたような形が残ります。これが、２つの立体が重なった部分です。

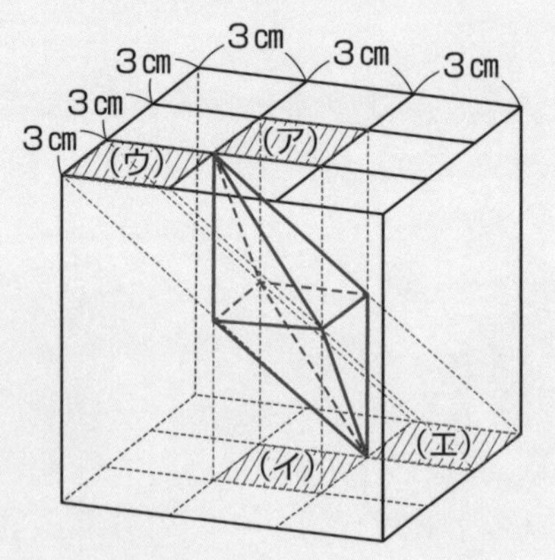

よって、重なった部分の体積は、

３×３×4.5÷３×２＝27㎤となります。

以上で、『合格する算数の授業 図形編』の勉強はすべて終了！
お疲れさまでした！

平面図形の問題と比べて、後半の立体図形の問題は難しく感じた人もいるのではないでしょうか。
まずは、最後まで読み切った自分をほめてあげてください。
大きな前進です！

受験勉強となると、どうしても頻繁（ひんぱん）に出題される問題の解法を暗記することになってしまいがち…。
入試を突破するという一点においては、そんな勉強方法も「正しい」と言えるかもしれません。
でも、本当に大切なことは入試を終えたその先に、どうやって勉強していくかということです。

本書を通じて図形の見方が変わり、読者のみなさんが未知の問題にも太刀打ちできるようになれば、これに勝る喜びはありません。

松本亘正（まつもと・ひろまさ）

1982年福岡県生まれ。中学受験専門塾ジーニアス運営会社代表。ラ・サール中学高校を卒業後、大学在学中にジーニアスを開校。現在は東京・神奈川の７地区に校舎がある。開成、麻布、駒場東邦、女子学院、筑波大附属駒場など超難関校に合格者を毎年輩出。中学受験だけでなく、高校・大学受験時、就職試験時、社会人になっても活きる勉強の仕方や考える力の育成などに、多くの支持が集まっている。また、家庭教師のトライの映像授業「Try IT」の社会科を担当し、早くからオンライン指導に精通。塾でも動画配信、双方向Web授業を取り入れた指導を展開している。主な著書に、『合格する歴史の授業 上・下巻』『合格する地理の授業 47都道府県編・日本の産業編』（実務教育出版）がある。

教誓健司（きょうせい・けんじ）

1988年広島県生まれ。広島学院中学高校へ進学するにあたり、お世話になった塾の先生の影響で算数を好きになる。大学在学中は四谷大塚の学生講師として算数と理科の授業を３年間担当し、その後中学受験専門塾ジーニアスに移籍。ゲーム好きで、ゲームの攻略に関する仕事をしていたことも。YouTubeチャンネル「０時間目のジーニアス」で算数の入試問題解説動画を公開するなど、映像授業でも活躍中。

中学受験　「だから、そうなのか！」とガツンとわかる

合格する算数の授業 図形編

2020年９月10日　初版第１刷発行
2022年10月10日　初版第３刷発行

著　者　松本亘正・教誓健司
発行者　小山隆之
発行所　株式会社 実務教育出版
〒163-8671　東京都新宿区新宿1-1-12
電話　03-3355-1812（編集）　03-3355-1951（販売）
振替　00160-0-78270

印刷／株式会社文化カラー印刷　製本／東京美術紙工協業組合

©Hiromasa Matsumoto/Kenji Kyosei 2020 Printed in Japan
ISBN978-4-7889-1967-9　C6041
本書の無断転載・無断複製（コピー）を禁じます。
乱丁・落丁本は本社にておとりかえいたします。